纺织工业排污许可证管理与污染防治技术

李　方　编著

中国环境出版集团・北京

图书在版编目（CIP）数据

纺织工业排污许可证管理与污染防治技术/李方编著．—北京：中国环境出版集团，2020.4
ISBN 978-7-5111-4327-3

Ⅰ．①纺… Ⅱ．①李… Ⅲ．①纺织工业—排污许可证—研究—中国②染整工业—排污许可证—研究—中国③纺织工业—工业污染防治—研究—中国④染整工业—工业污染防治—研究—中国 Ⅳ．①X791

中国版本图书馆 CIP 数据核字（2020）第 059663 号

出 版 人　武德凯
责任编辑　孟亚莉
文字编辑　张　倩
责任校对　任　丽
封面设计　岳　帅

更多信息，请关注
中国环境出版集团
第一分社

出版发行　中国环境出版集团
（100062　北京市东城区广渠门内大街 16 号）
网　　址：http://www.cesp.com.cn
电子邮箱：bjgl@cesp.com.cn
联系电话：010-67112765（编辑管理部）
010-67112735（第一分社）
发行热线：010-67125803，010-67113405（传真）
印　　刷　北京市联华印刷厂
经　　销　各地新华书店
版　　次　2020 年 4 月第 1 版
印　　次　2020 年 4 月第 1 次印刷
开　　本　787×1092　1/16
印　　张　12.5
字　　数　230 千字
定　　价　50.00 元

前　言

经过一个多世纪的发展，我国的纺织工业从一个多世纪以前的“草根工业”，发展成国民经济的支柱产业之一。作为全球最大的纺织品生产国、消费国和出口国，我国已成为支撑世界纺织产业体系平稳运行的核心力量和推进全球经济合作的重要依托。但是，纺织工业的发展也带了资源与环境相关的问题，纺织工业的耗水量和排污量一直位于工业生产的前列，同时我国的纺织产业又集中在经济发达、人口稠密的东部沿海地区，使得环境容量与产业发展的问题更加突出。

近年来，随着环境政策与执法力度的加严，我国的生态环境质量得到持续改善，但是打好污染防治攻坚战、守住生态红线的任务依然艰巨。2016 年，国务院提出了我国将建成以排污许可制为核心的固定污染源环境管理制度，到 2020 年底全国基本完成固定污染源的排污许可证核发工作。排污许可证制度是一项国际通行的环境治理制度，但在我国还是一项全新的环境管理模式，环境管理部门和企业技术人员对排污许可证制度的认识还比较模糊，因此，制度在起步实施过程中必然会遇到不少的问题和阻力。我和我的同事有幸参与了纺织工业排污许可证管理制度规范和污染防治最佳可行技术指南的相关环境标准的编制工作，对管理部门的纺织行业排污许可证核发工作开展了系统性的梳理，并且与企业环境管理人员在污染防治技术方面进行深入交流，在这些工作过程中积累了一些经验与心得。此外，我们对一些纺织行业的废水及废气治理的典型工程案例进行了汇总，与排污许可证管理制度相结合，一起汇编成册，期望本书内容对纺织工业污染防治和环境管理相关的工作人员有所帮助。

本书分为七章，第一章和第二章分别介绍纺织工业的环境管理制度（李方）和行业生产概况（李方、徐晨烨），第三章介绍行业排污许可证申请与核发技术规范的主要内容（李方），第四章和第五章分别介绍排污许可证核发审核要点（沈忱思）和典型案例分析（沈忱思、程谦勋），第六章介绍纺织工业污染防治的可行技术（刘艳彪、李方），第七章则介绍了污染治理的工程案例（马春燕、李方）。全书由李方进行统稿，沈忱思、徐晨烨和娄蒙蒙进行校核。

本书旨在为环境管理部门和纺织工业企业的技术人员提供参考，也可作为高等院校、科研院所在环境学科方面的科研和教学参考书目。纺织产品门类多样，生产工艺也千差万别，因此本书无法全面覆盖整个行业中可能所有涉及到的所用情景，有时具体问题还需具体分析。本书肯定还存在不少不足之处，望读者评阅时请予见谅。同时，还需感谢中国纺织工业联合会、生态环境部环境工程评估中心、盛虹集团等企事业单位的专家和技术人员给予的大力支持。

李方

于东华大学

目　录

第 1 章　纺织工业环境管理制度

1.1　纺织工业的范围

传统意义上的纺织业是指用天然、化学纤维加工制成各种纱、丝、绳、织物及其色染制品的工业。按照我国国家标准《国民经济行业分类》(GB/T 4754—2017) 的规定，(C) 制造业中的第 17 大类——纺织业，按其原料性质的不同，可分为棉纺织、毛纺织、丝纺织、麻纺织、化学纤维制造及其印染精加工行业等。其产品不仅涵盖服装、家纺原料，还包括产业、医疗使用的纺织成品制造。按其生产工艺的不同，纺织工业可分为纺前纤维加工（不含化学纤维制造)、纺纱、织造、印染以及织物功能整理等行业。而更广义的纺织工业，除包含上述内容之外，还包括（C）制造业中的第 18 大类——纺织服装、服饰业。

1.1.1　纺织

纺织作为典型的工程技术，其主要任务是以纺织纤维为原料，经过纺织加工制成各类纺织最终产品。纺织加工包括纺纱、织物成形和印染三个重要的工艺加工环节。

1.1.1.1　纺纱工艺

纺纱是把纺织纤维制成纱或线的加工过程。纺纱的本质是充分解除纤维材料原有的局部横向联系（即“松解”)，并牢固建立首尾相接的纵向联系（即“集合”)。在现有纺纱技术条件下，“松解”至“集合”不能一次完成，纺纱必须经过开松、梳理、牵伸和加捻四个重要加工步骤。

1.1.1.2 织物成形工艺

根据织物的成形方法及原理，织物成形工艺分为机织成形工艺、针织成形工艺和非织造织物成形工艺三种类型。

（1）机织成形工艺

机织主要是以纱线为原料，经过织前准备，用织机把互相垂直的经、纬纱线按一定交织规律编织成织物的工艺过程。机织成形工艺的织前准备包括络纱、并纱、加捻、整经、穿经、浆纱、卷纬、定形等工序。实际生产时，应根据织机类型、织物品种及纱线原料等情况，采用合适的准备工序，以满足生产需要。机织是通过织机的开口、投纬、扦纬、送经和卷取五大运动实现经、纬纱线交织。采用机织成形工艺加工的织物称为机织物。

（2）针织成形工艺

针织成形工艺可分为纬编和经编两种类型。

纬编针织是以纱线为原料，经织前准备，用纬编针织机将纱线从其的一边到另一边做横向往复运动，并在纵向相互串套的工艺加工过程。经编针织则是以纱线为原料，经织前准备，用经编针织机将一组或多组纱线同时制成线圈，并将线圈做相互套结的工艺加工过程。

（3）非织造织物成形工艺

非织造织物成形工艺的原理与传统的机织、针织工艺有较大差别。非织造布俗称无纺布，是指由纤维、纱线或长丝，用机械、化学或物理的方法使之黏结或结合而成的织物，根据其制造原理和方法的不同，大致可分为树脂黏着法、针刺法、纺粘法、缝织法，其中针刺法包括水刺法与针刺法两种。

1.1.1.3 印染工艺

印染是借助化学、物理、物理化学或生物等作用，赋予纤维、纱线和织物色彩、光泽、手感及功能效果的加工过程。印染工艺可分为前处理、染色、印花和整理四个主要工序。

（1）前处理

前处理主要用于适当去除织物上的杂质以提高织物的白度和吸水性，为后续的染色、印花加工提供合适的条件。例如：烧毛、退浆、煮练、精练、漂白、丝光等工序要求在染色、印花前完成。

（2）染色

染色是在一定的设备上用染料染着纤维使之获得均匀而有一定色牢度的色泽加工过程。各种纤维有各种适合的染料，染色方法分为浸染和轧染两大类。

（3）印花

印花是采用一定的设备和方法，用染料或颜料在纺织物上印制成具有一定坚牢度的彩色图案或花纹。大规模生产中常用滚筒印花或筛网印花，常用的工艺有直接印花、防染印花和拔染印花等。

（4）整理

整理是经过前处理、染色或印花的织物通过一定的化学药剂或机械加工来改善其品质，包括内在质量、外观、手感或使之具有某些特殊功能的过程。

1.1.2　纺织服装、服饰业

纺织服装、服饰业包括机织服装制造、针织或钩针编制服装制造以及服饰制造。纺织服装制造业是以纺织面料为主要原料，经裁剪后缝制成各种男、女服装以及儿童成衣的行业。与纺织业相比，纺织服装、服饰业的生产环节污染物较少，污染物的产排量也较低。

1.2　我国环境管理制度的概况

1.2.1　排污许可证制度

行政许可是指在法律一般禁止的情况下，行政主体根据行政相对方的申请，经依法审查，通过颁发许可证、执照等形式，赋予或确认行政相对方从事某种活动的法律资格或法律权利的一种具体行政行为。排污许可是具有法律意义的环境行政许可，排污许可证制度是依托行政许可法和环境保护相关法律，要求向环境排放各种污染物的单位或个人都必须事先向生态环境部门申请办理排污许可证，经生态环境部门批准，获得排污许可证后方能向环境排放污染物的制度。

党的十八届三中全会通过的《中共中央关于全面深化改革若干重大问题的决定》明确提出，完善污染排放许可制，实行企、事业单位污染物排放总量控制制度。中共中央、国务院印发的《生态文明体制改革总体方案》进一步指出，尽快在全国范围建立统一公平、覆盖所有固定污染源的企业排放许可制度。新修订的《环境保护法》则强调“国家依照法律规定实行排污许可管理制度”，《中华人民共和国水污染防治法》和《中华人民共和国大气污染防治法》都对排污许可制作出了规定。2016 年 11 月 10 日，国务院办公厅印发《控制污染物排放许可制实施方案》，2016 年 12 月 23 日，环保部印发《排污许可证管理暂行规定》（环水体〔2016〕186 号，以下简称《暂行规定》），标志着我国排污许可制度改革的全面启动。

为落实《国务院办公厅关于印发控制污染物排放许可制实施方案的通知》（国办发〔2016〕81 号），依据《中华人民共和国环境保护法》《中华人民共和国水污染防治法》《中华人民共和国大气污染防治法》等法律规定，环保部于 2017 年 7 月发布了《固定污染源排污许可分类管理名录（2017 年版）》（以下简称《排污许可名录》）。《排污许可名录》重点明确了需要持有排污许可证的企业类型、取得排污许可证的时限、管理要求及区别共 3 个方面的内容。排污许可证实现差异化管理的基本依据是企、事业单位及其他生产经营者的污染物产生量、排放量和环境危害程度的不同。如对石化、火电等污染大的行业实行重点管理；对玻璃制品制造、纸制品制造等污染轻的行业实行简化管理；对于使用水性漆的家具制造等基本不产生污染的行业则暂不核发排污许可证。表 1-1 列出了《排污许可名录》中关于纺织工业的管理规定。

表 1-1 《固定污染源排污许可分类管理名录（2017 年版）》关于纺织工业的管理规定

序号	行业类别	实施重点管理的行业	实施简化管理的行业	实施时限	适用排污许可行业技术规范
13	棉纺织及印染精加工 171，毛纺织及染整精加工 172，麻纺织及染整精加工 173，丝绢纺织及印染精加工 174，化纤织造及印染精加工 175	含前处理、染色、印花、整理工序的，以及含洗毛、麻脱胶、缫丝、喷水织造等工序的	—	含前处理、染色、印花工序的 2017 年，其他 2020 年	纺织印染工业
14	机织服装制造 181，服饰制造 183	含成衣水洗工艺工序的，有湿法印花、染色工艺的	—	2020 年	纺织印染工业

根据《固定污染源排污许可分类管理名录（2017 年版）》的规定，在国民经济分类名录汇总 C171～C175 行业范围内含前处理、染色、印花、整理工序的，以及含洗毛、麻脱

胶、缫丝、喷水织造等工序的排污单位，C18 行业范围内含水洗工艺工序的，有湿法印花、染色工艺的排污单位，均列入重点管理范围，其余的排污单位可参照《排污许可证的申请与核发 总则》进行简化管理填报。《排污许可管理办法（试行）》于 2017 年 11 月 6 日由环境保护部部务会议审议通过，自 2018 年 1 月 10 日公布施行。

《固定污染源排污许可分类管理名录（2019 年版）》于 2019 年 7 月 11 日由生态环境部部务会议审议并原则通过，于 2019 年 10 月正式发布。表 1-2 列出了新名录中关于纺织工业的管理规定。

表 1-2 《固定污染源排污许可分类管理名录（2019 年版）》关于纺织业、纺织服装服饰业的管理规定

序号	行业类别	重点管理	简化管理	登记管理
十二、纺织业 17				
25	棉纺织及印染精加工 171，毛纺织及染整精加工 172，麻纺织及染整精加工 173，丝绢纺织及印染精加工 174，化纤织造及印染精加工 175	有前处理、染色、印花、洗毛、麻脱胶、缫丝或者喷水织造工序的	仅含整理工序的	其他
26	针织或钩针编织物及其制品制造 176，家用纺织制成品制造 177，产业用纺织制成品制造 178	涉及通用工序重点管理的	涉及通用工序简化管理的	其他
十三、纺织服装服饰业 18				
27	机织服装制造 181、服饰制造 183	有成衣水洗工序、湿法印花、染色工艺的	—	其他
28	针织或钩针编织服装制造 182	涉及通用工序重点管理的	涉及通用工序简化管理的	其他

1.2.2 建设项目环境影响评价与“三同时”验收

在国内建设项目环境影响评价工作中，纺织工业，尤其是印染行业，一直都是重点关注对象，审批级别也较高。一般认为，中国印染行业普遍存在着生产工艺相对粗放、能耗物耗较高、环境污染物排放量较大的现象。因此，严格的环境影响评价制度可以指导纺织工业项目污染防治的规范性，从区域环境容量的角度提出污染物排放总量控制的要求，并在环评批复中落实污染防治对策和措施，从而达到污染预防和生态保护的目的。表 1-3 列出了《建设项目环境影响评价分类管理名录（2017 年版）》（环境保护部令 第 44 号）中关于纺织工业的相关管理规定。

表 1-3 《建设项目环境影响评价分类管理名录（2017 年版）》关于纺织工业的管理规定

项目类别＼环评类别		报告书	报告表	登记表	本栏目环境敏感区含义
六、纺织业					
20	纺织品制造	有洗毛、染整、脱胶工段的；产生缫丝废水、精练废水的	其他（编织物及其制品制造除外）	编织物及其制品制造	
七、纺织服装、服饰业					
21	服装制造	有湿法印花、染色、成衣水洗工艺的	新建年加工 100 万件及以上	其他	

工业类建设项目环境影响评价工作中，需要针对以下内容进行重点审核：

① 产业准入条件的相容性，逐条对照与《印染行业规范条件（2017 年版）》的相符性。

② 结合地方标准、政策和相关环境管理要求，结合国家和地方的最新要求，从严落实废水排放执行的标准。

③ 从严判定固体废物、废水处理产生的污泥性质，对危险固体废物进行严格管理。

④ 重点关注环境风险评估，对易燃易爆的溶剂、仓储物资进行重点评价。

环境保护部也对已执行多年的环保验收制度进行了改革，2017 年取消了由环保局进行的环保验收，改为建设项目建设单位自主环保验收。由新规定的出台可以看出环保部门对人们日益关切的环境利益的重视、对环境管理工作的积极态度，另外，从环保新规范可操作性、完善程度来看，对污染项目管理的体制更加精简有效，管理维度也更加丰富和科学。以下列出环保验收新规定的几个要点：

① 环保验收将由以环保部门现场验收改为由建设单位自行组织验收。

② 自主环保验收仍然属于环保部门日常监管范畴。

③ 自主环保验收是在一定“规范”内进行的，而不是随意验收，具体可阅读环保部发布的各行业验收规范文件。

1.2.3 环境税

2016 年 12 月 25 日，全国人大常委会表决通过《环境保护税法》，按照“税负平移”原则，将现行排污费改为环境税。环境税于 2018 年 1 月 1 日起开征。

环境税是向污染源征收的一种税种，是把环境污染、生态破坏的社会成本内化到生产成本和市场价格中，再通过市场机制来分配环境资源的一种经济手段。此次全国人大通过的《环境保护税法》规定将排污费的缴纳人作为环保税的纳税人，即在中国领域和管辖的其他海域，直接向环境排放应税污染物的企、事业单位和其他生产经营者。

当前的环境税计税依据是按照排污费计费办法来设置的。① 环境税税目：大的分类包括大气污染物、水污染物、固体废物和噪声四类。只对《环境保护税法》规定的污染物征税、只对每一排放口的前 3 项大气污染物、前 5 项第一类水污染物（主要是重金属）、前 3 项其他类水污染物征税；同时各省份根据本地区污染物减排的特殊需要，可以增加应税污染物项目数。② 计算方法与收费标准：对大气污染物、水污染物，沿用了现行污染物当量值，并以排放量折合的污染当量数作为计税依据。大气污染物税额为每污染当量 1.2 元；水污染物税额为每污染当量 1.4 元；固体废物税额按不同种类为每吨 5～1 000 元；噪声税额按超标分贝数为每月 350～11 200 元。③ 鼓励地方政府按照各自情况上调收取标准，在现行排污收费标准规定的下限基础上增设上限，即不超过最低标准的 10 倍。④ 环境税增加企业减排的税收减免档次。现行排污费制度规定，纳税人排放应税大气污染物或者水污染物的浓度值低于规定标准 50%的，减半征收环境保护税。环境税则设一档减排税收减免，即纳税人排放应税大气污染物或者水污染物的浓度值低于规定标准 30%的，按 75%征收环境保护税。

《环境保护税法》规定排放量按照如下优先级顺序测算：污染源自动监测→符合国家规定和监测规范的监测数据→物料衡算法、排污系数→抽样方法。具体如下：① 纳税人安装使用符合国家规定和监测规范的污染物自动监测设备的，按照污染物自动监测数据计算；② 纳税人未安装使用污染物自动监测设备的，按照监测机构出具的符合国家有关规定和监测规范的监测数据计算；③ 因排放污染物种类多等原因不具备监测条件的，按照国务院生态环境主管部门规定的排污系数、物料衡算方法计算；④ 不能按照 1～3 项规定方法计算的，按照环保部门规定的抽样测算方法核定计算。

生态环境部已发布公告，明确了纳入排污许可管理的火电、石化、炼焦化等 17 个行业污染物排放量的计算方法及未纳入排污许可管理的采矿、制造等行业的适用排污系数、物料衡算方法。纺织印染行业的污染物排放量计算方法在 17 个行业之中。

1.3　我国排污许可管理制度的概况

1.3.1　法规制度

《排污许可管理办法（试行）》（以下简称《管理办法》）已于 2017 年 11 月 6 日由环

境保护部正式公布并施行。《管理办法》规定了排污许可证核发程序等内容，细化了环保部门、排污单位和第三方机构的法律责任，明确了排污者责任，强调守法激励、违法惩戒。为强化落实排污者责任，《管理办法》规定了企业承诺、自行监测、台账记录、执行报告、信息公开 5 项制度。企业承诺并对申请材料真实性、完整性、合法性负责是企业取得排污许可证的重要前提，自行监测、台账记录、执行报告制度是排污单位自行判定达标、及时发现运行过程中的环保问题以及核算实际排放量的重要基础，是企业自证守法的主要依据，同时也是生态环境部门核查企业达标排放、判定企业按证排污的重要检查内容和执法依据。信息公开制度是强化企业持证依证排污意识、引导舆论监督、形成共同监督氛围的基础和重要手段。

1.3.2 《管理办法》的主要内容

《管理办法》分 7 章共 68 条，第一章“总则”共 11 条，第二章“排污许可证内容”共 11 条，第三章“申请与核发”共 10 条，第四章“实施与监管”共 10 条，第五章“变更、撤销、延续”共 9 条，第六章“法律责任”共 9 条，第七章“附则”共 8 条。《管理办法》规定的主要内容分为以下几点：

（1）排污许可证核发程序

《管理办法》依据国务院办公厅印发的《实施方案》，依法规定了排污许可证申请、审核、发放的一个完整周期内，企业需要提供的材料、应当公开的信息，环保部门受理的程序、审核的要求、发证的规定以及污染防治可行技术在申请与核发中的应用。明确了排污许可证的变更、延续、撤销、注销、遗失补办等各情形的相关程序、所需资料等内容。同时规定了分类管理的要求和分级许可的思路，明确了排污许可证的有效期。

（2）规定排污许可证内容

《管理办法》规定排污许可证由正本和副本两部分组成，主要内容包括承诺书、基本信息、登记信息和许可事项。其中前三项由企业自行填写；最后一项由环保部门依据企业申请材料，按照统一的技术规范依法确定。《管理办法》规定核发环保部门应当以排放口为单元，根据污染物排放标准确定许可排放浓度；按照行业重点污染物许可排放量核算方法和环境质量改善的要求计算许可排放量，并明确许可排放量与总量控制指标和环评批复的排放总量要求之间的衔接关系。环境监管逐步从企业细化深入到每个具体排放口，从主要管控四项污染物转向多污染物协同管控，从以污染物浓度管控为主转向污染物浓度与排污总量双管控，特别针对当前雾霾防治，在排污许可证中增设重污染天气期间等特殊时段对排污单位排污行为的管控要求，从而不仅推动了对固定污染源的精细化监管，同时将排污许可与更好的环境质量改善要求密切挂钩，推动固定污染源的精细化管理。

（3）排污单位按证排污责任

《管理办法》规定，排污许可是环保部门依据排污单位的申请和承诺，通过发放排污许可证来规范和限制排污行为，并依证监管的环境管理制度。排污单位承诺并对申请材料真实性、完整性、合法性负责，是排污单位取得排污许可证的重要前提。排污单位必须持证才能排污，无证不得排污。持证排污单位必须在排污许可证规定的许可排放浓度和许可排放量的范围内排放污染物，并应开展自行监测、建立台账记录、编写执行报告，确保严格落实排污许可证相关要求。《管理办法》同时对无证排污、违法排污、材料弄虚作假、监测违法、未依法公开环境信息 5 种情形设定了处罚条款。

（4）监管执法

《管理办法》提出，监管执法部门应制订排污许可执法计划，明确执法重点和频次；执法中应对照排污许可证许可事项，按照污染物实际排放量的计算原则，通过核查台账记录、在线监测数据及其他监控手段或执法监测等，检查企业落实排污许可证相关要求的情况。排污许可证对排污口的具体化规定，对依法监管的内容逐一进行了明确和细化，实现了排污单位排污口的“卡片式管理”。

（5）信息公开

《管理办法》规定，企业应在申请前就基本信息、拟申请的许可事项进行公开，在执行排污许可证过程中应公开自行监测数据和执行报告内容；核发环保部门在核发排污许可证后，应公开排污许可证正本以及副本中的基本事项、承诺书和许可事项。监管执法部门应在全国排污许可证管理信息平台上公开监管执法信息、无证和违法排污的排污单位名单。

（6）技术支撑体系

《管理办法》明确环境保护部负责制定排污许可证申请与核发技术规范、环境管理台账及排污许可证执行报告技术规范、排污单位自行监测技术指南、污染防治可行技术指南等相关技术规范。同时明确生态环境主管部门可通过政府购买服务的方式，组织或者委托技术机构提供排污许可管理的技术支持。

1.4 国外相关环境管理制度体系

1.4.1 排污许可证制度

环境管理涉及立法主体、行政主体、司法主体、企业、环保团体等主体，各主体在环境管理中有着各自的责、权、利。在国外，排污许可证在环境管理中被广泛采用，是污染控制的核心手段，排污许可证包含了原料、生产、治理、排放各控制环节，是对污染物从产生到排放全过程控制的综合性管理制度，水污染物排放、气体污染物排放、能源消耗、噪声、废物产生与利用、交通运输、化学品使用、污染场地管理、自我监测等环节的环境影响都在许可证中有所体现。企业严格依照排污许可证的要求管理生产过程中的污染控制问题，政府也依据排污许可证对企业进行审查和管理。

排污许可是国际通行的环境管理制度，也是目前许多发达国家非常认可的一项环境管理制度。排污许可制度的核心理念就是针对固定源采用综合性、一证式管理，并以完善的立法、监测、监督体系给予支撑，对固定源实施更科学化、精细化的环境管理。从发达国家的经验来看，若要排污许可制度切实有效地发挥“以改善环境质量为总体目标”的功能，必须以充分而强有力的法律为依据、以完善的管理制度为保障、以先进的污染防治技术为支撑，同时辅以严厉的惩罚措施、透明的信息公开、成熟的公众参与。

1.4.1.1 美国

（1）许可证理念

许可证管理的基本理念是围绕“模范技术”展开的，“模范技术”是设定了 7 个排放限制的技术体系，分别设定了不同的排放水平：最优实用控制技术（best practicable control technology，BPT）、最优常规污染物控制技术（best conventional pollutant control technology，BCT）、最佳可行技术（best available technology，BAT）、新污染源绩效标准（new source performance standards，NSPS）、新污染源预处理标准（pretreatment standards for new sources，PSNS）、现有污染源的预处理标准（pretreatment standards for existing sources，PSES）、最优排污许可管理制度（best management practices，BMPs）。其中，“最佳可行技术”核心是基于现有的最佳行业技术水平，定义出污染源的排放标准和其他要求，作为对污染源环境管理的依据。因此，许可证管理的出发点是不考虑受纳环境的容量。也就是说，无论污染源所处的环境质量好与坏，污染源都必须达到行业最低水平的排放标准和最高水平的环境管理要求。不过，美国在实践中，针对新源、现有源等分别制定了严格程度略有差异的“最佳可行技术”，有时又考虑区域环境质量，加之“最佳可行技术”又针对细分行业，导致美国出现了名目繁多的“最佳可行技术”和排污许可，特别是在大气污染许可和水污染许可上。水排污许可证的核心内容是点源的排放限值，而排放限值是通过行业的“最佳可行技术”来确定的。各工业行业类别的“最佳可行技术”的制订过程相当复杂，大多需要 5 年以上。

基于水排污许可证制度体系，美国总体构建起了一套权、责、利分明，多元主体参与，高效运作的点源环境治理系统。美国的水排污许可证体系，较合理地界定了政府和企业的责、权、利边界。企业为了运行和发展需要，有权申请水排污许可证，同时也需要承担许多相关的责任。政府机构（联邦环保局或授权的州环保机构）有保护或恢复水环境质量的最终责任，因此也被法律授予了审核发放和管理水排污许可证的权力。为了管理水排污许可证，政府需要投入一定的公共财政经费。美国国家环境保护局（EPA）制定了一套行之有效且奖惩分明的环境执法体系，有效地保障了企业责、权、利的统一，推动了企业环境自守法。

大气排污许可制度是美国《清洁空气法》规定的系统、专业、高效的固定源污染排放行为常规化管理手段，是以排放标准为核心内容，以监测、记录和报告工作为实施关键的微观政策工具。在《美国联邦行政法规》中，排污许可制度的主要管理对象被定义为“主要污染源”，通常指单一固定源或位于相邻区域并接受统一管理的一组固定源，其实际排放量或潜在排放量达到或超过某个排放阈值。常规单一空气污染物排放阈值为每年 100 t，危险空气污染物排放阈值为每年 25 t。固定源监测定义为“通过手动和自动仪器装置测量和收集数据，对数据进行记录和处理，用数据核查污染排放水平及生产设施、污染防治设施的运行状态，以确保与产排污相关的操作遵守适用的要求”，即通过测量、记录、分析与排污有关的数据，获得固定源的产污、治污、排污信息，作为固定源证明其守法排放的证据和管理机关核查固定源守法排污的依据。

（2）监测分析规定

固定源排污许可证制度中关于监测规定的设计是质量管理理论在公共管理领域的典型应用。以监测质量为导向，倡导美国国家环境保护局、地方环保局、固定源所有者或经营者等相关者合作。为了协调和控制复杂组织的工作活动，实现排污许可制度的管理目标，美国国家环境保护局采用了一种任务专业化、流程标准化、技巧标准化的协调和控制机制。在《清洁空气法》框架下系统修订了联邦法规各部分的监测规定，制定了标准化监测流程，建立了有效的监督机制，以确保固定源的连续合规排放。针对不同规模、不同类型的产排污单元，兼顾数据完整、监测与管理成本有效两方面的需求，要求一定阈值以上的产排污单元在排放口安装使用烟气连续排放监测系统，要求小型产排污单元制定并执行守法保证监测计划，要求监测和核查人员必须具备相应资质，才能承担守法监测、合规监测与评估工作。

（3）报告要求

数据记录使监测过程和结果信息可被核查，为固定源自证守法提供依据，也可作为法院审理案件的证据，还能记录燃烧单元数据、污染控制设施数据、监测计划信息、质量保证检查结果数据。守法保证监测规定要求记录的数据包括监测数据、控制设施的绩效数据、质量改进计划的信息，以及产排污设施的开停机、维护信息，运行异常情况等信息。记录方式除了少部分需要保存纸质文件外，多数信息需要按规定的电子格式保存，以便对数据进行快速核查，数据和其他信息保留的时间一般为 5 年。

（4）合规评估

为了实现《清洁空气法》对于空气固定源的合规监测与核查的要求，美国国家环境保护局制定了固定源合规监测策略，用以指导与规范地方空气管理局对固定源的核查行动，同时也便于获得地方核查情况和固定源的信息。合规监测策略能够有效识别不合规情况，同时兼具成本有效性。合规监测策略提供了一套完整机制，包括使用自我核查、烟囱测试等工具用于合规监测，提出了用于合规监测行动的全合规评估、部分合规评估、合规调查 3 种类型和现场检查、非现场记录检查两类方式。地方空气管理局在合规监测与评估完成后需要编写并公开合规监测评估报告，报告内容包括：一般信息，如守法监测类型、设施信息、遵守的要求、受控排污单元清单和工艺流程描述、历史合规信息；合规监测行动，如对排放单元和工艺评估、现场调查信息、固定源对现场调查的回应、合规监测和评估期间的观察和记录信息。

1.4.1.2 欧盟

欧盟的环境管理政策一般分为欧盟层面和成员国层面。欧盟层面指令规定了欧洲地区及某类污染源的环境目标或污染物排放的管理要求，各成员国可在欧盟指令的基础上，自主实施满足指令要求的环境保护防控措施。欧盟自 1975 年开始致力于欧洲各国水资源保护，并制定《欧洲水法》；在此基础上于 1996 年通过了综合污染防治（IPPC）指令。

IPPC 指令规定了对空气、水和土壤的污染管理中能源的使用、废物处理及事故防范等内容，并对相应的生产设备实行操作许可认证。IPPC 的排污许可证制度要求欧盟各成员国基于最佳可行技术（BAT）降低污染物排放量。BAT 作为排污限值和设施许可的基础，综合考量经济可行性、技术链接和成本数据，从而使污染物的排放实现 IPPC 的目标要求。德国、英国等国家遵循欧盟指令制定相应水污染物排放总量控制管理方法后，使排入莱茵河的污废水得到了处理，并取得了一定的成效，充分说明欧盟排污许可证制度具有较高的实用性及可操作性。欧盟排污许可证制度的特点：① 基于最佳可行技术。欧盟的排污许可证制度以 BAT 指导文件中不同设备污染物的排放水平作为设置排污许可的条件。② 灵活的排放限值与许可期限。针对特殊的环境条件、工艺设备、成本效益等情况，欧盟允许排污许可证的排放限值存在暂时性偏离，这对鼓励新兴技术及稳定经济起到很大的推动作用。③ 公众参与。确保民众在排污许可证审批过程中的参与权和排污许可证持证企业环境监测结果的知情权。

1.4.1.3　日本

日本采取污染物总量控制。水污染物总量控制始于 1973 年濑户内海的《环境保护临时措施法》。日本的总量控制策略是以广域闭锁性水域为对象，以保护水环境、改善水质为目标的环境管理制度。通过实施水质总量减排措施，污染极为严重的海域和河川的水质得到了改善，恶臭现象减少，成功削减了相关水域的污染负荷量。在水污染物总量控制过程中，根据不同行业和不同设施（共 215 个大类）分别规定了各种污染物的控制标准浓度值（*C* 值），并由生产工艺和污染治理技术水平确定污染物允许排放量；然后由每个行业的 *C* 值和特定行业允许排水总量（日均允许排水量）计算各海域中各行业每年的污染物总量控制目标值，并通过各行业处理技术决定其 *C* 值和总量目标。日本总量控制目标值的确定是一个“自下而上”、技术水平决定总量控制目标的过程。区域总量控制目标是由国家、地方和企业在技术水平的基础上，充分考虑各地方和企业的执行能力所提出的目标控制量。总量控制要求各排污企业达到其所属行业和设施类型的 *C* 值，并不涉及具体的减排任务。本质上，日本的水污染物排放总量是指允许排放浓度和排放水量标准的“乘积”。

这些国家在环境管理方面获得的成功经验是非常值得借鉴的，其排污许可制度也供我们在规范制定过程参考。但我们在实际的标准制定过程中需注意我国的国情、经济技术发展水平、政府职能定位，使法规符合切合实际的要求和作用。

1.4.2 环境技术管理体系

1.4.2.1 美国

到目前为止，美国国家环境保护局已在水领域建立了 53 个行业的指南和标准，在大气方面完成了重点污染源管理技术标准，并开始制定针对面源的指南和标准。美国是以技术法规作为制定、实施环境质量和排放标准的基础，针对不同的工业部门，制定不同的技术标准，并以此为基础再颁布各自相应的排放限值指令，从而实现对污染物排放的有效控制。

美国的环境技术政策已在水污染防治和大气污染防治等领域得以应用，基本上形成了以基于污染控制技术的排放标准管理为主，以水质标准管理为补充，以总量控制和排污许可证为主要内容的水污染防治机制。美国国家环境保护局以“现有最佳企业平均表现水平”来决定 BPT 技术，可以说 BPT 技术是现有企业在经济上能承受的最低控制水平。而 BCT 是在同时考虑能源、环境、经济和其他成本的条件下，现有的能够使其向环境排放的污染物量达到最少的可行技术。对常规污染物来讲，BCT 与 BPT 相比，更多地强调了经济代价和环境效益二者之间的“合理性”。根据 BCT 确定的排放限值，比 BPT 排放限值要严一些，给出的达标时间相对长一些。BAT 是针对现有污染源有毒物质和非常规污染物提出的，与 BPT 确定的排放限值相比，BAT 排放限值要严得多。现有最佳示范技术（BADT）是经示范证实并已经实践验证过的最佳可用技术、工艺、方法和其他措施。BADT 适用于新排放源，是强制其执行的技术，处理标准高于现有的排放源。确立了基于污染控制技术排放标准的法律地位，遵守该标准是点源获得排放许可证的起码条件。以基于污染控制技术的排放限值和基于水质标准的限值中严者作为许可证规定的排放限值。

在美国，影响纺织工业的最重要的环境法规是《清洁水法》（CWA）。1982 年，EPA 颁布了纺织品制造点源分类排放准则。立法中对所有纺织品种类分别给出了排放限值，体现了使用最优实用控制技术（BPT）和最佳可行技术（BAT）可达到减少污染排放的目的。

1.4.2.2 欧盟

欧盟 BAT 体系覆盖范围广，BAT 参考文件包含能源、金属加工制造、矿石、化工、废物管理、纺织、造纸和食品工业等部门，其中包括纺织企业 BAT 参考文件。文件详细描述了各类工业生产的工艺、存在的环境问题、问题产生的环节、原因及控制措施，除一般的技术控制措施外，特别给出了在目前条件下不同工艺、不同控制技术下的最佳可行技术，并且给出了通过应用这种技术可能达到的污染物排放量和资源消耗量水平。

1998 年，由各成员国、纺织企业、环保组织和欧洲综合污染防治部门组成的第一次技术工作组（TWG）会议召开，《欧盟纺织工业 BAT 参考文件》的相关工作开始实施，并于 2002 年在第二届 TWG 会议上讨论通过该 BAT 草案，随后通过多次专家征求意见和修改，形成最终发布文件。《欧盟纺织工业 BAT 参考文件》主要包括行业简介、产品和部门分类等一般信息，应用工艺和技术，污染物排放和能源消耗水平，确定 BAT 时考虑的技术，最佳可行技术，新兴技术及结论 7 个主要内容，详细描述了存在的环境问题、问题产生的环节、原因及控制措施，除筛选出了一般通用 BAT 技术，还针对羊毛煮练、纺织品加工与地毯业、污水处理与废物处置 3 个重要方面提出了不同工艺、不同控制条件下的最佳可行技术，并分析了应用最佳可行技术可能达到的污染物减排和资源消耗水平。《欧盟纺织工业 BAT 参考文件》目录见表 1-4。

表 1-4　《欧盟纺织工业 BAT 参考文件》目录

章节名称	
Executive summary	摘要
Preface	序言
Scope	范围
1　General Information	1　一般信息
2　Applied Processes and Techniques	2　应用工艺和技术
3　Emissiona and Consumption Levels	3　污染物排放和能源消耗水平
4　Techniques to Consider in the Determination of BAT	4　确定 BAT 时考虑的技术
5　Best Available Techniques	5　最佳可行技术
6　Emerging Techniques	6　新兴技术
7　Concluding Remarks	7　结论
Anneex Ⅰ: Textile Auxiliaries	附录Ⅰ：纺织助剂
Anneex Ⅱ: Dyes and Pigments	附录Ⅱ：染料和颜料
Anneex Ⅲ: Wet Processes: Machinery and Techniques	附录Ⅲ：湿工艺：设备和技术
Anneex Ⅳ: Typical Recips(with Some Associated Emission Factor) in the Textile Sector	附录Ⅳ：纺织工艺中的典型剂量（与部分相关排放因子）
Anneex Ⅴ: Typical Pollutants (and Potential Sources) in Air Emission from Textile Processes	附录Ⅴ：纺织生产工艺中排入空气的典型污染物（和潜在污染源）
Anneex Ⅵ: Auxiliaries Classification Tools	附录Ⅵ：辅助分类工具
Advanced Oxidation Processes (Fenton Reaction)	高级氧化工艺（Fenton 反应）

《欧盟纺织工业 BAT 参考文件》技术评估涉及以下几个方面：① 指南使用方确定关键环境问题；② 测试备选技术解决关键环境问题的效果；③ 以欧盟及世界范围内现有资料为基础，鉴定技术最佳环境表现水平；④ 测定技术达到最佳环境水平需要满足的条件、成本及其他影响；⑤ 根据指导文件选择最佳可行技术。在技术选择过程中非常注重技术可以达到的实际环境效益，如果没有则被淘汰。

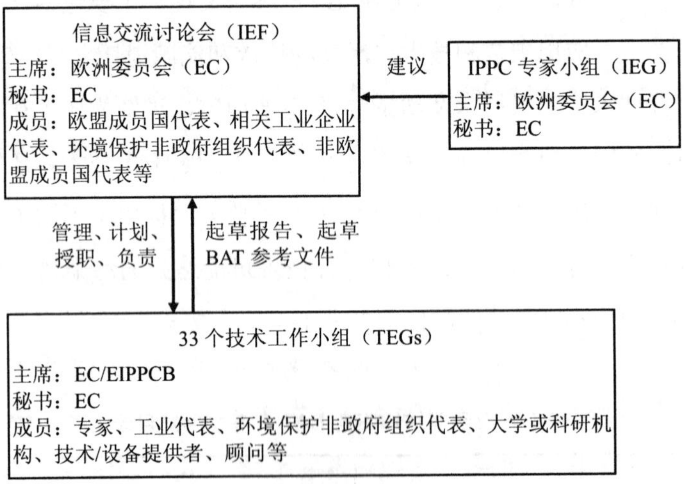

图 1-1 欧盟确立 BAT 的基本程序

欧盟 BAT 技术评估方法主要有 VITO 法和参考装置法（Reference Installation Approach）等。VITO 法简单方便，易于操作，评价结果在很大程度上取决于专家组的定性判断。Roger Dijkmans 于 2000 年应用 VITO 法对汽车维修及肥料加工行业进行 BAT 评估，Derden 于 2002 年应用 VITO 法对水果蔬菜加工行业进行 BAT 评估。参考装置法将污染防治技术、设备装置进行分类，每个类别称为一个参考装置，认为同一类的技术及设备的减排潜力是一样的，而且对于特定的减排项目，其适用性、减排效率和成本也是相似的。该方法强调地区的环境特异性，对于基础数据的要求比较严格，需要掌握生产过程、工艺参数、地区环境等方面丰富的数据资料，评价结果依赖于基础数据的完整性及准确性。

表 1-5　欧盟纺织工业 BAT 基本结论

管理	(1) 贯彻环境意识，且培训中需囊括环境意识； (2) 采用良好的维护和清洁措施； (3) 根据制造商提供的化学品安全数据说明书（MSDS）贮存； (4) 防止化学品泄漏，且必须有可行的防漏措施及时将泄漏化学品清理并安全处置，不得进入地表水或下水道； (5) 安装监管系统监测生产的进出废水和废气
化学药品计量和分配	安装染化料、助剂自动计量和分配系统
化学药品的选择和使用	(1) 在满足加工质量要求的前提下尽量避免使用化学品； (2) 必须使用时，采用风险评价进行选择，选择的化学品及其使用方法以确保整体环境风险最低
纤维原材料的选用	人造纤维： (1) 选用低浓度/低产生量、可生物降解或无须前处理的材质； (2) 选用使用预湿经纱、可生物降解的浆料上浆的材质； (3) 根据可获得信息避免，加工纤维物质含有有害化学品，如五氯苯酚（PCP）、农药残留的有机氯（OC）的纤维材料； (4) 通过与所有生产以及销售羊毛的国家主管机构沟通，从而鼓励低农药残留羊毛产业的发展，进而从源头上减少任何合法的羊体外杀虫剂的使用； (5) 挑选以可生物降解纺纱油剂代替矿物油或含 APEO 产品纺成的羊毛纱线
水与能源管理	(1) 监测加工过程的水耗、能耗； (2) 在连续加工机械中安装流量控制系统和自动停止阀门； (3) 在序批式加工设备中安装自动控制装置，以控制进料体积和液体温度； (4) 建立完备可靠的生产工序，避免因不当操作造成的资源浪费； (5) 为保证后续加工过程的质量要求，优化预处理中的生产环节； (6) 尽可能在单一步骤中结合不同的处理方式； (7) 在序批式处理工艺中安装低浴比和超低浴比设备； (8) 提高序批式和连续式漂洗效率； (9) 冷却水回用至加工环节； (10) 根据回用水和循环水在不同工艺过程中的水质和水量的特征，确定废水出水中所含物质是否有回用价值或者是否影响产品质量，从而确定废水回收利用的可能性； (11) 安装密闭罩、顶盖确保密闭以防止蒸汽损失； (12) 对管道、阀门、罐体和设备进行隔热以减少热量损失； (13) 优化锅炉系统，主要方式有冷凝水重复使用、空气预热和使用清洁能源天然气； (14) 冷热废液流分离，从热流中回收热量； (15) 安装废气回收处理装置； (16) 安装变频装置

欧盟的各个成员国根据本国的法律体系，在此基础上进一步细化。以爱尔兰为例，爱尔兰环境保护署于 2008 年发布《爱尔兰纺织工业 BAT 指南》，其目录见表 1-6。

表 1-6 《爱尔兰纺织工业 BAT 指南》目录

序号	章节
1	介绍
2	BAT 解释
3	指南适用范围
4	工艺介绍、环境风险和控制技术
5	纺织品加工领域最佳可行技术
6	BAT 相关排放水平
7	监测

该指南基于欧盟委员会 2003 年公布的《综合污染预防与控制（IPPC）纺织工业最佳可行性技术参考文件》与本国法律制定。

该指南的适用范围为：

① 预处理（如水洗、漂白、丝光）或纤维或织物的染色，处理规模超过 10 t/d；

② ①款中未包括的，生产规模超过 1 t 纤维、纱线或纺织品的纤维或织物（包括地毯）染色、处理或整理（包括防虫处理、防火处理）。

该 BAT 指南包括 3 大部分：

① 纺织工业的通用 BAT；

② 针对特定工艺的污染预防措施；

③ 废水处理技术 BAT。

1.4.3 纺织印染行业相关排放标准

1.4.3.1 美国

根据美国《纺织企业点源水污染物排放限值与预处理、新建企业标准》（40 CFR part 410）（*Textile Mills Point Source Category Effluent Limitations Guidelines，Pretreatment Standards and NewSource Performance Standards*），印染行业的相关排放标准如下：

（1）织物废水

这部分标准适用于纺织厂以下各种工序中产生的废水：织物整理，包括漂白、丝光处理、染色、树脂加工、防水整理、后整理等。美国国家环境保护局公布的最优实用控制技术（Best Practical Control Technology，BPT）治理织物整理废水要求达到的排放限值见表 1-7。

表 1-7　美国采用 BPT 治理的织物整理废水排放限值　　单位：kg/t 织物

项目	最大值	30 d 平均值
BOD_5	5.0	2.5
COD	60.0	30.0
TSS	21.8	10.9
硫化物	0.20	0.10
苯酚	0.10	0.05
总铬	0.10	0.05
pH	6.0～9.0	6.0～9.0

美国国家环境保护局公布的最佳可行技术（Best Available Technology，BAT）治理织物整理废水要求达到的排放限值见表 1-8。

表 1-8　美国采用 BAT 治理的织物整理废水排放限值　　单位：kg/t 织物

项目	最大值	30 d 平均值
COD	60.0	30.0
硫化物	0.20	0.10
苯酚	0.10	0.05
总铬	0.10	0.05

（2）纱线废水

这部分标准适用于纺织厂以下各种工序中产生的废水：纱线染色和整理，包括冲洗、丝光处理、树脂加工、染色和特殊整理。美国联邦环保局公布的最优实用控制技术（Best Practical Control Technology，BPT）治理纱线整理废水要求达到的排放限值见表 1-9。

表 1-9　美国采用 BPT 治理的纱线整理废水排放限值　　单位：kg/t 织物

项目	最大值	30 d 平均值
BOD_5	6.8	3.4
COD	84.6	42.3
TSS	17.4	8.7
硫化物	0.24	0.12
苯酚	0.12	0.06
总铬	0.12	0.06
pH	6.0～9.0	6.0～9.0

1.4.3.2 欧盟

根据 2003 年 6 月欧盟委员会发布的 BAT 在纺织工业中参考文件《综合污染防治与控制》，纺织工艺及其产生的废水来自前处理、染色、印染、后整理、水洗等工艺，欧盟委员会建议废水处理使用如下方式：

① 生化处理后采用深度处理（三级处理），如回收活性炭等；

② 结合生物化学法和化学法，用粉末性活性炭、铁盐等；

③ 在活性污泥系统前优先考虑使用臭氧技术。

欧盟没有统一的纺织染整行业水污染物排放标准，其 BAT 导则列出了欧盟国家有机精细化工行业（包括纺织印染行业）的排放状况，COD 排放情况一般为 120～250 mg/L。

按《德国水污染物排放标准》(Federal Ministry for the Environment，Nature Conservation and Nuclear Safety，Germany）中的附录 38——纺织制造和织物整理，排放口处排放废水水质标准见表 1-10。

表 1-10 排放口处排放废水水质标准

项目	随机样或 2 h 混合样	单位
COD	160	mg/L
BOD_5	25	mg/L
总磷	2	mg/L
氨氮	10	mg/L
总氮	20	mg/L
亚硫酸盐	1	mg/L
上染率：不同波长下的光谱吸收率		
436 nm（黄色系列）	7	m^{-1}
525 nm（红色系列）	5	m^{-1}
620 nm（蓝色系列）	3	m^{-1}

其中，氨氮和总氮的要求适用于污水处理厂的生化反应出水废水温度在 12℃及以上。混合前的废水排放水质标准见表 1-11。

表 1-11　混合前的废水排放水质标准

项目	随机样或 2 h 混合样	单位
可吸收有机卤素（AOX）	0.5	mg/L
硫化物	1.0	mg/L
总铬	0.5	mg/L
铜	0.5	mg/L
镍	0.5	mg/L
锌	2.0	mg/L
锡	2.0	mg/L

产污点的废水排放要求废水中不可含有：① 有机氯载体（促染）；② 氯分离漂白物，除漂白合成纤维的亚氯酸钠之外；③ 使用亚氯酸钠后的游离氯；④ 砷、水银以及它们的混合物；⑤ 作为漂洗剂的烷基苯酚（APEO）；⑥ 硫化染料和还原染料氧化剂使用中的六价铬化合物；⑦ 水处理中的软化剂使用中的 EDTA、DTPA 和磷酸酯；⑧ 累积的化学物质、染料和纺织助剂。

1.4.3.3　日本

日本的国家排放标准为综合性排放标准，各工业行业 COD 排放均执行 120 mg/L 的限值。日本为控制湖泊的富营养化制定了严格的地方标准，现有企业和新建企业分别执行 30 mg/L 和 20 mg/L 的限值。

第 2 章　纺织行业概况

2.1　纺织行业发展现状

纺织工业是我国传统的支柱产业之一，在国民经济建设和出口创汇中一直发挥着非常重要的作用。我国纺织工业是充分竞争性的行业，企业主要集中在东部沿海水源丰富和经济发达的地区；长江、黄河、珠江、闽江和淮河流域下游；东北海河流域也有一定分布。根据印染协会获得的规模以上企业的最新数据，2018 年全国规模以上染整企业染整布产量 490.69 亿 m，浙江、江苏、山东、广东和福建等东部沿海 5 省产量 507.43 亿 m，占全国总产量的 94%以上。纺织工业中的印染行业某些特定生产工艺中排放含铬废水和污泥，铬是我国重点防控和排放量控制的重金属之一，印染废水排放量在前的浙江、江苏和广东等省份属于我国重金属污染重点防控区域。2013 年，印染工业废水六价铬排放量 0.986 t，排名工业第 6 位，占工业废水六价铬排放总量的 1.7%。

纺织工业的印染企业在定型、涂层等工序以及污水处理环节会产生颗粒物、挥发性有机化合物（VOCs）以及恶臭废气等污染物。据统计，2014 年我国纺织工业 VOCs 排放量为 20 万～30 万 t，约占工业源 VOCs 总排放量的 1.5%。纺织工业的环境问题主要有以下几点：

① 产业体量大，产业布局集中。规模以上印染企业每年印染布产量 500 多亿 m，印染布产量约占全球的 60%；我国印染企业分布集中，东部沿海 5 省占全国总产量的 90%以上。

② 产业排污量大。纺织工业的污水排放量位于工业行业第 3，2015 年印染污水排放量 18.4 亿 t。从目前的数据看，污水排放量和 COD 排放量呈逐年递减趋势，与 2010 年相比，削减近 20%。但废气方面目前暂无全面完整的排污统计数据。

③ 产业生产异质化。产业链较长，企业之间差别大，水平参差不齐。企业在产业链上的跨度差别大，一个企业可能生产多种产品，也可能只涵盖某一个工段；同一种产品，各个企业的生产工艺和环境管理水平差别较大，导致排放数据波动幅度较大。

2.2　纺织行业相关环境管理要求

纺织工业中的印染行业作为国家环境保护工作的重点行业，对实现国家环境保护目标具有重要作用，《纺织染整工业水污染物排放标准》（GB 4287—92）于 1992 年 5 月 18 日发布，1992 年 7 月 1 日起实施，标准根据印染企业的废水排放去向，分年限规定了印染工业水污染物最高允许排放浓度及排水量。《纺织染整工业水污染物排放标准》（GB 4287—92）的实施，对控制印染工业水污染物的排放、保护环境和推动印染工业的技术进步发挥了重要作用。在《纺织染整工业水污染物排放标准》（GB 4287—92）颁布实施之后，国家制定出台了一系列法律法规、规划、技术政策，对“十一五”期间的环境保护工作提出了更高的要求，在此期间，我国印染工业污染防治技术也有了实质性的进展。《纺织染整工业水污染物排放标准》（GB 4287—92）已难以适应新形势下环境保护工作的要求。2005 年 4 月 6 日，国家环境保护总局下达了《关于下达 2005 年第二批国家环境标准制（修）订任务的通知》（环办〔2005〕203 号），开展《纺织染整工业水污染物排放标准》修订工作。目前，我国关于纺织印染工业的环境管理标准相对比较完善，但还存在一些不完善甚至空缺的方面。《纺织染整工业水污染物排放标准》首次发布于 1992 年，2005 年开始第一次修订，修订稿于 2012 年年底发布，以 GB 4287—2012 代替 GB 4287—92。《纺织染整工业水污染物排放标准》（GB 4287—2012）于 2012 年 10 月 19 日发布，2013 年 1 月 1 日起实施。此次修订根据落实国家环境保护规划、环境保护管理和执法工作的需要，调整了控制排放的污染物项目，提高了污染物排放控制要求，为促进地区经济与环境协调发展，推动经济结构的调整和经济增长方式的转变，引导印染生产工艺和污染治理技术的发展方向，该标准规定了水污染物特别排放限值。2015 年 3 月 27 日，环保部《关于发布国家污染物排放标准〈纺织染整工业水污染物排放标准〉（GB 4287—2012）修改单的公告》（2015 年第 19 号公告）对 COD_{Cr}、BOD_5 的间接排放标准进行了修订。《2018 年度国家环境保护标准计划项目指南》中要求立项开展《纺织工业水污染物排放标准（修订合并 GB 4287—2012、GB 28936—2012、GB 28937—2012、GB 28938—2012）》修订工作。

《印染行业废水污染防治技术政策》（环发〔2001〕118 号）于 2001 年 8 月 8 日实施，政策从清洁生产工艺、废水治理及污染防治、鼓励的生产工艺和技术等方面提出技术方向，引导和规范印染企业的水污染防治工作。目前生态环境部已立项对《印染行业废水污染防治技术政策》进行修订。

《纺织染整工业废水治理工程技术规范》（HJ 471—2009）于 2009 年 6 月 24 日发布，2009 年 9 月 1 日起实施。规范对印染工业废水治理工程设计、施工、验收和运行管理提出了技术要求，规范了工程设施的建设和运行。随着《纺织染整工业水污染物排放标准》（GB 4287—2012）的颁布，《纺织染整工业废水治理工程技术规范》（HJ 471—2009）已不能满足排污要求，目前该规范也在修订中。

部分省市根据自身实际制定了地方标准和相应政策。江苏省成立了太湖水污染防治办公室，人大立法通过了《太湖治理条例》，其要求和标准远严于国家要求，其他如广东、浙江太湖地区、辽宁海河地区都相应地制定了地方标准。江苏省于 2004 年 6 月 1 日发布《印染工业水污染物排放标准》（DB 32/670—2004），适用于印染工业企业及接纳印染工业企业废水的集中式工业污水处理厂。2007 年，江苏省制定发布《太湖地区城镇污水处理厂及重点工业行业主要水污染物排放限值》（DB 32/1072—2007），该标准规定了太湖地区城镇污水处理厂、印染工业、化学工业、造纸工业、钢铁工业、电镀工业、味精工业及啤酒工业的化学需氧量（COD）、氨氮、总氮和总磷 4 种水污染物最高排放浓度限值及最高允许排水量限值。浙江省于 2015 年发布《印染工业大气污染物排放标准》（DB 33/962—2015），该标准规定了印染企业（含纺织品涂层企业）或生产设施的大气污染物排放控制要求以及标准实施与监督等相关规定。表 2-1 为纺织工业相关的环境保护标准汇总。

表 2-1　纺织工业相关环境保护标准与规范

标准类型	标准名称
清洁生产标准	《纺织业（棉印染）》（HJ/T 185）
	《化纤行业（氨纶）》（HJ/T 359）
	《化纤行业（涤纶）》（HJ/T 429）
	《印染行业清洁生产指标体系（意见征求稿）》
进口废物管理标准	《进口废物环境保护标准（纺织品废物 试行）》（GB 16487）
排放标准	《纺织染整工业水污染物排放标准》（GB 4287）及其修改单、公告
	《毛纺工业水污染物排放标准》（GB 28937）
	《麻纺工业水污染物排放标准》（GB 28938）
	《缫丝工业水污染物排放标准》（GB 28936）
环境标志产品技术要求	《毛纺织品》（HJ/T 309）
	《生态纺织品》（HJ/T 307）
	《环境标志产品技术要求 纺织产品》（HJ 2546）

标准类型	标准名称
技术规范	《排污许可证申请与核发技术规范 纺织印染工业》(HJ 0861)
	《纺织染整工业废水治理工程技术规范》(HJ 471)
	《建设项目竣工验收环境保护验收技术规范 纺织染整》(HJ 709)
设计规范	《纺织工业企业环保设计规范》(GB 50425)
	《纺织工业企业职业安全卫生设计规范》(GB 50477)
监测方法	《排污单位自行监测技术指南 纺织印染工业》(HJ 879)
	《染料产品中重金属元素的限量及测定》(GB 20814)
技术政策	《印染行业废水污染防治技术政策》(环发〔2001〕118 号)
	《印染行业规范条件》(2017 版)

2.3 纺织行业主要工艺及产排污特点

2.3.1 纺织生产的原辅材料识别

纺织工业所用的原辅材料主要包括纺织纤维、水、染料、化学助剂 4 类。其中，纺织纤维直接决定印染过程中所使用的染料和印染助剂种类，也间接影响了整理工艺中废气的成分和污染物含量。

2.3.1.1 纺织纤维

根据纤维的来源和生产工艺，可将纤维分为天然纤维和化学纤维。其中天然纤维是从自然界原有的或经人工培植的植物、人工饲养的动物上直接取得的纺织纤维。一般包括植物纤维、动物纤维和矿物纤维。化学纤维则是用天然或人工合成的高分子化合物为原料，经过制备纺丝原液、纺丝和后处理等工序制得的具有纺织性能的纤维。可分为人造纤维（再生纤维）、合成纤维、无机纤维。纺织纤维的分类与成分见表 2-2。

2.3.1.2 染料

按照染料性质和应用方法，可将染料分为直接染料、酸性染料、分散染料、活性染料、还原染料、阳离子染料、冰染染料（不溶性偶氮染料）、缩聚染料、氧化染料、硫化染料、酞菁染料等十余种。表 2-3 汇总了不同染料的主要性能及应用类别。

表 2-2 纺织纤维分类与成分

<table>
<tr><td rowspan="6">天然纤维</td><td rowspan="3">植物纤维（纤维素）</td><td>种子纤维</td><td>棉、木棉等</td></tr>
<tr><td>叶纤维</td><td>剑麻、蕉麻等</td></tr>
<tr><td>茎纤维</td><td>苎麻、亚麻、大麻、黄麻等</td></tr>
<tr><td rowspan="2">动物纤维（蛋白质）</td><td>毛发类</td><td>绵羊毛、山羊毛、骆驼毛、兔毛、牦牛毛等</td></tr>
<tr><td>腺分泌物</td><td>桑蚕丝、柞蚕丝等</td></tr>
<tr><td>矿物纤维（无机物）</td><td colspan="2">无机金属硅酸盐类，如石棉纤维等</td></tr>
<tr><td rowspan="5">化学纤维</td><td rowspan="2">人造纤维</td><td>再生纤维素纤维</td><td>粘胶纤维、醋酸纤维等</td></tr>
<tr><td>再生蛋白质纤维</td><td>大豆纤维、花生纤维等</td></tr>
<tr><td rowspan="2">合成纤维</td><td>普通合成纤维</td><td>涤纶、棉纶、腈纶、丙纶、维纶、氯纶等</td></tr>
<tr><td>特种合成纤维</td><td>芳纶、氨纶、碳纤维等</td></tr>
<tr><td>无机纤维</td><td colspan="2">玻璃纤维、金属纤维等</td></tr>
</table>

表 2-3 不同染料的主要性能及应用类别

染料类别	主要性能	适用对象
直接染料	能直接溶于水，使用方便，色泽浓暗，色谱齐全，色牢度较差	棉、麻、丝、毛、锦纶
活性染料	能直接溶于水，使用方便，色泽鲜艳，色谱齐全，湿处理牢度优良	棉、麻、丝、毛、锦纶
不溶性偶氮染料	不能直接溶于水，使用起来较繁复，色泽浓艳，色谱不全（缺绿），色牢度良好	棉、麻
还原染料	不能直接溶于水，使用繁复，色泽鲜艳，色谱不全，色牢度优良	棉、麻、涤纶
可溶性还原染料	能直接溶于水，使用方便，色泽淡艳，色谱不全，色牢度优良	棉、麻
硫化染料	不能直接溶于水，使用起来较繁复，色谱不全，色泽浓暗，色谱齐全，色牢度良好	棉、麻
酸性染料	能直接溶于水，使用方便，色泽较艳，色谱齐全，色牢度良好	丝、毛、涤纶
酸性媒染料及酸性含媒染料	能直接溶于水，使用较方便，色泽较暗，色谱不全，色牢度优良	丝、毛、涤纶
分散染料	微溶于水，染色困难，色泽较艳，色谱齐全，色牢度优良	锦纶、涤纶
阳离子染料	能直接溶于水，使用方便，色泽浓艳，色谱齐全，色牢度优良	腈纶

2.3.1.3 化学助剂

纺织行业中的化学助剂使用主要集中在印染行业。印染助剂是指在纤维纺织加工过程中，纺织品前处理、染色、印花、后整理及染料后处理过程中使用的除染料和通用化学品（如无机或有机的酸、碱和盐）以外物质的总称。主要可划分为前处理助剂、染色助剂、印花助剂和后整理助剂。表 2-4 列举了印染各工段中使用的化学助剂。

表 2-4　印染各工段中使用的化学助剂

工段	助剂名称
前处理	净洗剂（洗涤剂）、助洗剂、干洗剂、抗再沉积剂、湿润剂、再湿润剂、渗透剂、退浆剂、精练剂、精练助剂、脱胶剂、脱脂剂、漂白剂、漂白助剂、漂白稳定剂、漂白催化剂、上蓝剂、丝光剂、丝光助剂、螯合（分散）剂、酶制剂、脱氯剂、双氧水去除剂、碱减量促进剂
染色	乳化剂、消泡剂、发泡剂、泡沫增效剂、泡沫稳定剂、稳定剂、均染剂、促染剂、缓染剂、防泳移剂、膨化剂、媒染剂、氧化剂、防氧化剂、还原剂、防还原剂、固色剂、剥色剂、增效剂、增艳剂、增深剂、缚酸剂、稀酸剂、缚碱剂、胶溶剂
印花	黏合剂、增稠剂、交联剂、黏度改进剂、黏度稳定剂、乳化稀释剂、拔染剂、防染剂（防印剂）、保护性氧化剂、皂洗剂、稀释剂、辅助剂
后整理	柔软（整理）剂、涂层整理剂、树脂整理剂、防缩整理剂、防皱（整理）剂、免烫整理剂、耐久压烫整理剂、硬挺剂、吸湿排汗整理剂、亲水整理剂、抗静电整理剂、阻燃剂、防水剂、拒水剂、拒油剂、易去污整理剂、抗菌防臭整理剂、防腐剂、防霉整理剂、防螨整理剂、防蛀剂、防虫剂、防紫外线整理剂、防滑移整理剂、防烟熏褪色整理剂、防起毛整理剂、防起球整理剂、抗起毛起球剂、防毡缩整理剂、缩绒剂、丝鸣增效剂、增亮剂、消光剂、遮光剂、增重剂、增溶剂

用于不同用途的常见助剂的化学物质详见表 2-5。

表 2-5　常见助剂的化学物质

助剂名称	化学物质
渗透剂	蓖麻油酸丁硫酸酯、丁基萘磺酸钠盐、琥珀酸二辛酯磺酸钠、脂肪醇聚氧乙烯醚、烷基酚聚氧乙烯醚、辛醇硫酸酯等
乳化剂	非离子表面活性剂
还原剂	保险粉（连二亚硫酸钠）、吊白块（甲醛次硫酸氢钠）、二氧化硫脲等
氧化剂	间硝基苯磺酸钠等
固色剂	胺盐和高分子季铵盐等
分散剂	磺化油（太古油、土耳其油）、烷基或长链酰胺基苯磺酸钠、烷基聚氧乙烯醚、木质素磺酸钠、萘磺酸甲醛缩合物、油酰基聚氨基羧酸盐等
均染剂	聚氧乙烯醚类表面活性剂
增稠剂	高分子聚乙二醇双醚或双酯或由丙烯酸酯共聚的聚丙烯酸酯
黏合剂	合成胶乳如丁二烯、苯乙烯、丙烯腈、醋酸乙烯酯、氯乙烯及丙烯酸酯等的共聚物；自交链基团的聚丙烯酸酯共聚物以及聚氨酯类
树脂整理剂	脲醛树脂、三聚氰胺甲醛树脂、二羟甲基次乙烯脲树脂、二羟甲基二羟基乙烯脲树脂及双羟乙基砜
抗静电剂	聚丙烯酸、聚乙二醇酯及高分子两性化合物
防霉蛀剂	各种铜盐，以及有机酚的衍生物，如五氯酚铜、环烷酸铜、8-羟基喹啉铜以及二羟基二氯二苯基甲烷、水杨酰苯胺等
消泡剂	磷酸三丁酯、辛醇、有机硅的复配物等

有机硅油是印染加工中常见的化学助剂，为室温下保持液体状态的线性聚硅氧烷产品，一般为无色（或淡黄色）、无味、无毒、不易挥发的液体，常温下为流动态，常作为辅助材料使用，按其加工状况可分为一次产品和二次产品。前者是指加工前的硅油产品，包括羟基硅油、硅官能硅油、碳官能硅油和非活性改性硅油 4 大类。二次硅油产品是指以硅油为原料，配入增稠剂、表面活性剂、溶剂及添加剂等，并经特定工艺加工成的脂膏状物质、乳液及溶液等产品（如硅脂和硅膏），在纺织染整过程中可作织物的柔软剂、润滑剂、防水剂、整理剂等。为获得不同功效的纺织品，也会添加其他功能性的添加剂。另外，备受关注的高危害物质如甲醛、苯和甲苯等挥发性有机物都是来源于分散剂、固色剂、交联剂、印花浆、黏合剂等助剂在印染过程中的热分解。

2.3.2 麻纺

麻纺加工是以韧皮纤维和叶纤维为原料或与化学纤维、棉纤维混纺的特色纺织加工，按其原料主要包括苎麻、亚麻、黄麻、大麻、罗布麻、剑麻、菠萝麻、椰壳纤维等十多种麻类纤维资源。不同种类麻原料因纤维特征各异，纺织工艺也有所不同，以下将以代表性较强的苎麻纺织为例进行介绍。

2.3.2.1 主要工艺

麻纤维具有良好的机械物理性能，一般以单纤维纺纱为主，包括脱胶与梳纺工序。将麻皮与麻秆分离并刮去麻壳后得到的韧皮成为原麻材料。原麻中含有 30%左右的胶质，通过胶质胶合着所有的纤维，使得纤维较硬且难于分离。原麻的纤维长度与强度足以满足纺纱加工的要求，以纺制出细度小、均匀度好的原麻产品。原麻脱胶时需全部脱去胶质而获得单纤维，脱胶方法可分为化学脱胶、生物脱胶、物理脱胶、生化联合脱胶等。一般来说，目前大部分苎麻企业采用的是化学+生物的联合脱胶法，其工艺流程如图 2-1 所示。

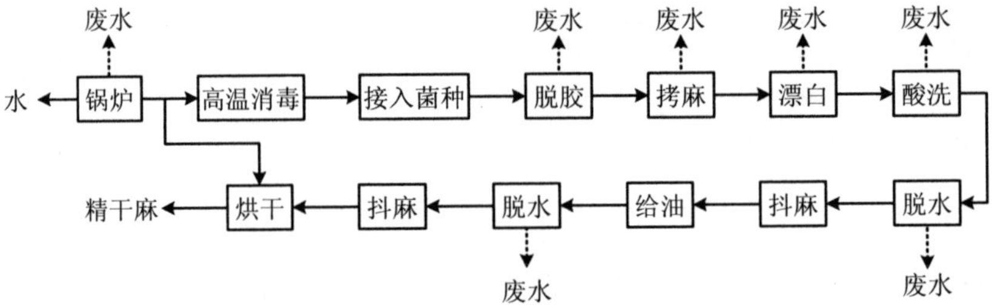

图 2-1 联合脱胶法工艺流程图

将麻纤维纺成具有一定支数、一定强力且洁净和结构均匀的纱线，必须通过机械将麻纤维中的杂质去除，分离和开松纤维，并使纤维伸直平行组织成所需要的纱线，最终织造成坯布，苎麻梳纺工艺流程如图 2-2 所示。

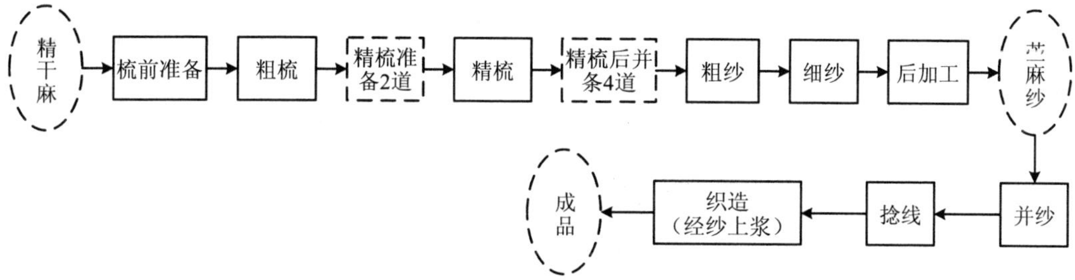

图 2-2　苎麻梳纺工艺流程图

（1）梳前准备

脱胶后的精干麻在梳麻、纺纱前需经过“机械软麻→给湿加油→分磅→堆仓”等梳前准备工作，以改善麻纤维的柔软度和松散度，增加纤维回潮率，减少静电现象。

（2）粗梳

粗梳是为避免强烈的梳理力使机件及纤维受到较大损伤而导致短纤维和麻粒增加，将精干麻先进行初步开松与梳理。

（3）精梳

精梳是清除麻条中不适应纺纱要求的短纤维、麻粒和纠结成团的纤维、杂质，提高麻条中纤维的平行伸直度。

（4）并条

通过并合牵伸使纤维进一步伸直平行，并控制线密度偏差。

（5）粗纱

由于麻条定量相对较重，细纱机的牵伸能力不够，需经过“牵伸→加捻→卷绕成型”的加工先将麻条纺制成粗纱。

（6）细纱

将粗纱纺制成一定特数、具有一定物理机械性能的细纱，以供捻线、织造使用。

（7）后纺

后纺包括并纱、捻线、织造等工序，与棉纺、毛纺类似。

2.3.2.2 主要产污环节

（1）脱胶

若以单纤维纺纱为主，则采用全脱胶法，包括化学脱胶、生物脱胶、物理脱胶、生化联合脱胶等。

① 化学脱胶

化学脱胶是根据原麻纤维中纤维素和胶质成分化学性质的差异，以化学处理为主去除胶质的方法，是传统的原麻脱胶工艺。因纤维素和胶质对烧碱作用的稳定性差异最大，原麻化学脱胶主要以碱液煮练为主，辅以酸、氧化剂处理和机械物理方法，以获得优良质量的精干麻。主要工艺有二煮法、二煮一练法、二煮一漂法和二煮一漂一练法等，均有以有机污染物为主的废水及臭气为主的废气产生，典型工艺流程如下：

二煮法：拆包扎把→浸酸→水洗→一煮→水洗→二煮→打纤→酸洗→水洗→脱水→给油→脱水→烘干。

二煮一练法：拆包扎把→浸酸→水洗→一煮→水洗→二煮→打纤→酸洗→水洗→脱水→精练→水洗→脱水→给油→脱水→烘干。

二煮一漂法：拆包扎把→浸酸→水洗→一煮→水洗→二煮→打纤→酸洗→水洗→漂白→酸洗→水洗→脱水→给油→脱水→烘干。

二煮一漂一练法：拆包扎把→浸酸→水洗→一煮→水洗→二煮→打纤→漂白→酸洗→水洗→精练→水洗→脱水→给油→脱水→烘干。

各环节涉及的化学试剂如下：

a. 浸酸：硫酸（1～2 g/L）；

b. 煮练：氢氧化钠（俗称烧碱，100 g/L）、硅酸钠（俗称水玻璃）、亚硫酸钠、三聚磷酸钠、焦磷酸钠、磷酸三钠、表面活性剂、络合剂；

c. 酸洗：硫酸（1～2 g/L）；

d. 漂白：过氧化氢（2 g/L 左右）、次氯酸钠（有效氯 2 g/L 左右）、硅酸钠（3～4 g/L）；

e. 精练：氢氧化钠（俗称烧碱，10 g/L 左右）、碳酸钠（俗称纯碱，20 g/L 左右）、表面活性剂；

f. 给油：给油剂（如植物油、动物油、矿物油等，1.5%～2%）、表面活性剂（1%～2%）。

② 生物脱胶

生物脱胶主要包括微生物脱胶及酶脱胶。

微生物脱胶是指把具有脱胶性能的菌接种至原麻上，菌株以原麻中的非纤维类胶质为底物，生长繁殖的同时分泌酶类物质分解苎麻胶质部分，使原麻纤维得以分散解离。其工艺流程如图 2-3 所示。

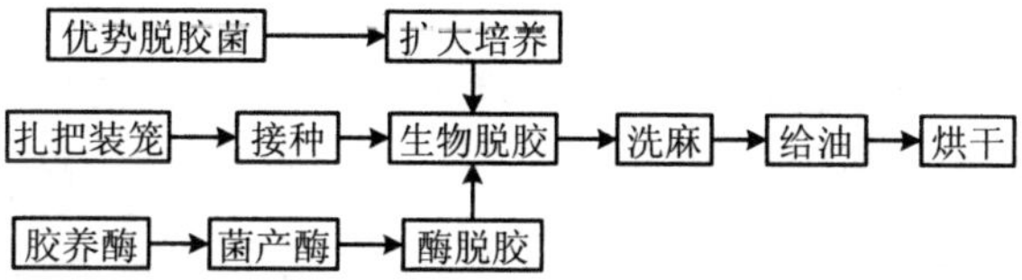

图 2-3　微生物脱胶工艺流程图

酶脱胶是指将苎麻原麻浸渍到定向脱胶酶液中，利用酶的生物活性，降解苎麻非纤维类胶质成分的方法，工艺流程与微生物脱胶类似。生物酶具有定向降解特点，脱胶反应条件温和，可保护纤维原有结构，但脱胶效率低于化学脱胶。

③ 物理脱胶

物理脱胶是指采用纯机械设备进行脱胶的方法，一般先使用浸泡等方法软化原麻表面的硬化胶质，再利用剥麻机、打麻机等机械设备对预处理后的湿麻加以物理挤压或碾压，通过机械力进行脱胶。物理脱胶的设备简单，连续操作，是脱胶工艺中用水量较多的环节，一般与化学脱胶、生物脱胶等方法联合使用。

④ 生化联合脱胶

生化联合脱胶结合了生物和化学脱胶的优点，相互弥补两者的不足。一类生化联合脱胶工艺是先将酸、碱煮练使纤维溶胀，溶出部分胶质，再利用脱胶高效菌株脱除剩余的胶质；另一类则先利用脱胶优势菌或酶制剂脱胶，再利用化学精练、漂洗进一步降低残胶率。较传统化学脱胶工艺，生化联合脱胶对麻纤维损伤明显降低，同时大幅度减少了酸、碱用量，减轻了环境负担。

（2）扎把

原麻进厂后，首先需经过精选分级，按一定分量绑扎成小把，再送至脱胶车间的其他工序进行脱胶处理。在扎把分级过程中，由于要抖动原麻，因此粉尘飞扬，产生颗粒物的无组织排放。

（3）梳麻

将麻纤维纺成具有一定支数、一定强力且洁净和结构均匀的纱线，苎麻纺纱过程中开松、粗梳、细梳、粗纱、细纱、并条等梳麻工序通过机械将麻纤维中的杂质去除，分离和开松纤维，会产生纤维尘等颗粒物无组织排放。

2.3.2.3 污染控制可行技术

（1）废水

脱胶是原麻纺织中水污染物产排的主要环节。其中，化学脱胶是目前应用最为广泛的脱胶方法，也是污染物产生量最大的脱胶工艺。化学脱胶中浸酸、水洗、煮练、漂白、酸洗等环节均有废水产生，废水中含有大量有机物，包括游离果胶、表面活性剂、皂化后的脂蜡质、木质素、半纤维素、纤维素等。若使用次氯酸钠漂白，还易产生二氧化氯及可吸附有机卤素（AOX）等污染物。特别是碱液煮练后的废水，色度大、臭气浓度高，所含的木质素和纤维素难生物降解，处理较困难。机械打麻、敲麻过程需大量冲洗水是造成麻脱胶过程用水量大的主要原因，冲洗水的特点是浓度不高、悬浮物较多、水量较大，对化学脱胶的高浓度废水起到一定的稀释作用。生物脱胶以温和的生物反应取代了化学脱胶中强酸、强碱、高温、高压条件下的“浸酸”“一煮”“二煮”工艺流程，不仅消除了高温、强酸、强碱对纤维的负作用，还减少了脱胶助剂的使用。相较化学脱胶废水，生物脱胶废水偏酸性，可生化性较好。但是生物脱胶法需要多种微生物或多种脱胶关键酶协同作用，胶质经降解后形成小分子多糖，纤维素和半纤维素，会形成可溶性固体杂质。因此，原麻生物脱胶废水含有菌体、混合酶、游离果胶、糖、有机酸等物质，仍具有 COD 高、臭味明显等特点。目前麻纺排污单位脱胶工序产生的水污染物排放管理执行《麻纺工业水污染物排放标准》（GB 28938—2012）的规定。

（2）废气

原麻纺织生产过程中一般不产生排放量较大的废气，但在脱胶工段易产生臭气无组织排放，在扎把及梳麻工段易产生粉尘、纤维尘等颗粒物无组织排放。根据《纺织印染业职业病危害预防控制指南》（GBZ/T 212）及《纺织工业企业职业安全卫生设计规范》（GB 50477）等相关文件要求，在原料准备、纺纱、织造等工序中，需要进行必要的除臭及防尘治理：① 对于产生粉尘的车间或工序，生产过程和机械设备宜机械化、自动化或密闭隔离操作，并应安装除尘或净化排放装置；② 工艺生产过程允许时应采取加湿降尘措施；③ 作业场所粉尘或有害气体浓度较大且不宜处理时，应设立独立操作室并设置机械通风。

2.3.3 毛纺

毛纺加工是指由羊毛纤维或其他动物毛纤维，或者部分毛纤维与化学纤维、天然纤维，通过纺、织、染、整理等工序而形成的产品。前者工艺的产品称为全毛产品，后者工艺的产品称为毛混纺产品。

2.3.3.1 主要工艺

毛纺初步加工是毛纺加工的前端环节，主要包括洗毛、炭化、丝光防缩等工序。洗毛是将原毛上的乳化脂、羊汗、植物性草杂、泥土、羊粪等杂物去除的过程；炭化工序的目的是尽可能地将原毛中的植物性杂质去除，利用羊毛较耐酸而植物性杂质不耐酸的特点，将草杂变为易碎的炭质，进而去除；丝光防缩工艺的目的是使羊毛鳞片表面得到去除，使羊毛与羊毛之间不能相互咬合从而达到防缩的效果。

毛纺工艺是把毛纤维加工成纱线的纺纱工艺过程。原料毛纤维一般以羊毛为主，也包括山羊绒、兔毛、马海毛、牦牛毛等特种动物毛。毛纺过程也可用于毛型化纤纯纺、混纺以及与其他天然纤维混纺。根据毛纺产品用途不同，毛纺工业可用不同的原料、不同的加工工艺生产出各类产品。毛纺工业根据产品要求和加工工艺的不同，分为精梳毛纺和粗梳毛纺两大系统。

精梳毛纺在工艺上通过精梳去除过短纤维，条子用牵伸法抽长拉细。原料用较长的纤维（一般在 60 mm 以上），长度、细度要求均匀，一般使用新羊毛。精梳毛纱内纤维基本伸直平行，故其条干均匀、表面光洁。毛纱线密度一般为 16.7～33.4 tex（60～30 公支），单纱强力较大。精纺织物表面光洁，有光泽，织纹清晰，一般较轻薄，产品有精纺毛织品、绒线（包括针织纱）、长毛绒等。精梳毛纺主要工艺流程如图 2-4 所示。

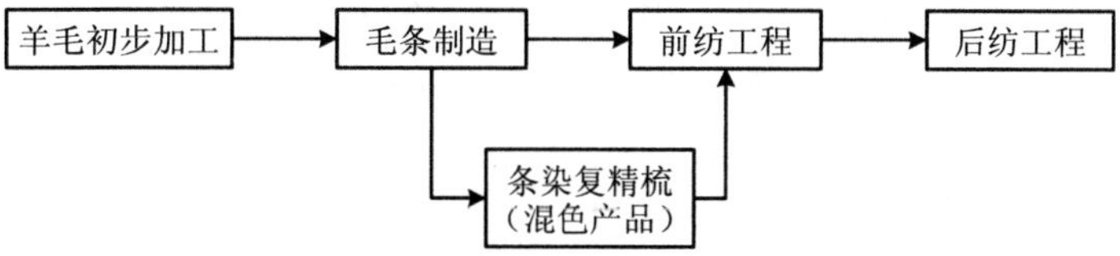

图 2-4　精梳毛纺主要工艺流程图

对于做精纺纺织品用的低特纱，特别是混色纱，在毛条制造和前纺工艺之间还需增加条染及复精梳工序，各流程包括如下内容：

①羊毛初步加工流程：原毛消毒→原毛预热→选毛→洗毛→炭化；

②毛条制造加工流程：梳毛→头道针梳→二道针梳→三道针梳→精梳→条筒针梳→末道针梳；

③条染复精梳：松球→染色→脱水→复洗→2～4 道混条→针梳→精梳→条筒针梳→末道针梳；

④前纺工程：混条→2～4 道针梳→有捻度→有捻粗纱→无捻度→头道无捻粗纱→二道无捻粗纱；

⑤后纺工程：细纱→并线→捻线→蒸纱→络筒。

粗梳毛纺在工艺上不经过精梳。原料用较短的纤维，长度、细度的均匀性无严格要求，可以利用精梳下脚毛、回毛、再用毛。毛纱中的纤维排列杂乱，故其条干均匀度低、表面有毛茸。毛纱线密度一般大于 50 tex（20 公支）。单纱强力较低，但织物经整理后强度并不差。粗纺织物表面有茸毛，一般织纹不明显，比较厚重，手感柔软而有弹性。粗梳毛纺产品有粗纺呢绒及毛毯、工业用呢、地毯等。粗梳毛纺主要工艺流程如图 2-5 所示。

图 2-5 粗梳毛纺主要工艺流程图

2.3.3.2 主要产污环节

（1）初步加工

天然原毛纤维本身含有杂质，在后续的纺织加工过程中又加入各种浆料、油剂，并会沾染污物，这些杂质的存在既会妨碍染整加工的顺利进行，又会影响织物的服用性能。原毛的初步加工不仅可以去除织物中残留的杂质，还可以提高其白度，为后续加工做准备。原毛初步加工的工艺流程一般为：选毛→开毛→洗毛→烘毛→炭化。部分产品会在加工过程中进行漂白。

为了合理利用原料，达到优毛优用的目的，必须按照工业用毛标准和实际生产的需要，对进厂的各种原毛和散毛进行细致地分支或分级，称为选毛。选毛过程中羊毛消毒所用的试剂有甲醛、过氧化氢、次氯酸钠、环氧乙烷、臭氧等，也会有原毛纤维、粉尘等颗粒物以及消毒剂的无组织排放。

开毛是指将经选后的块状毛，开松除杂，主要为去除砂土等固体杂物。

原毛中带有大量的羊毛脂、汗、砂土、草刺和羊粪等杂质，这些杂质必须经过化学和机械方法加以去除，使羊毛变得洁白、松散、柔软、富有弹性，以保证后续工序的顺利进行，原毛去除杂质的工序称之为洗毛工序，主要工艺流程如图 2-6 所示。

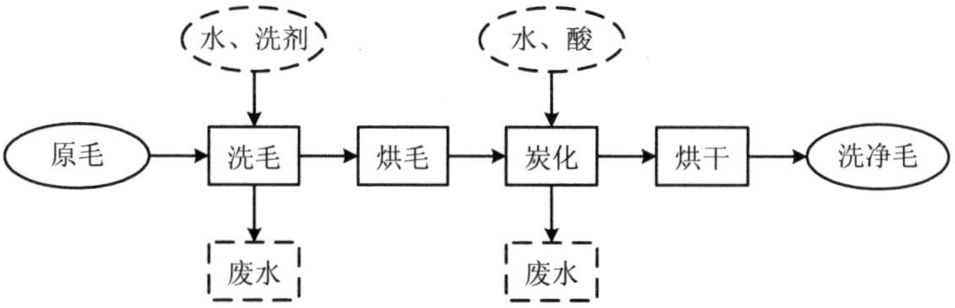

图 2-6　羊毛初步加工工艺流程图

洗毛工艺包括乳化洗毛工艺、溶剂洗毛工艺、冷冻洗毛工艺、超声波洗毛工艺等，目前国内毛纺行业中洗毛企业依然大部分采用传统的洗毛工艺，即乳化洗毛工艺，在乳化洗毛中广泛使用的是耙式洗毛机和联合洗毛机。由图 2-6 可知，传统的乳化洗毛工艺中水污染物的产污环节主要位于洗毛与炭化两个工段。

① 洗毛

传统洗毛工序一般以水为溶剂，以阴离子与非离子表面活性剂为洗剂，纯碱、中性盐及硫酸铵等为助洗剂，经过物理及化学作用将羊毛洗净。洗毛工段一般采用五～六槽式联合洗毛机。第一槽为浸渍槽，去除固体物质；第二、三槽为加有各种化学物质的净洗槽；第四、五槽为漂洗槽；第六槽为热水漂洗槽。其中，第二、三槽中由于羊毛脂含量较高，可先提取羊毛脂进行循环利用；第四、五槽漂洗水不断回用至第二、三槽，并不断补充新鲜用水。

② 炭化

炭化工序的目的是用化学方法在梳毛工序前尽可能地将植物性杂质去除，利用羊毛较耐酸而植物性杂质不耐酸的特点，将含草净毛在硫酸、盐酸、三氯化铝等酸液中通过，然后经烘干和烘焙，草杂变为易碎的炭质，再经机械搓压打击，利用风力与羊毛分离。通常酸液中会加入拉开粉、平平加等表面活性剂保护羊毛纤维免受酸损。炭化废水主要是稀硫酸，pH 为 2～3，COD_{Cr} 为 200～800 mg/L，硫酸浓度为 2～3 g/L，需中和及过滤后回用。

③ 防缩

目前常用毛条处理主要化学助剂采用的是氯气和树脂。氯气使羊毛鳞片表面得到去除，使羊毛与羊毛之间不能相互咬合从而达到防缩的效果，也称“剥鳞”工艺。树脂是为了保证羊毛防缩效果更佳而加在羊毛表面的，由于树脂所带的电荷与羊毛表面处理后的电荷正好相反，树脂会自动吸附在羊毛表面，使羊毛纤维摩擦时鳞片之间不能咬合，从而达到防缩的目的。

（2）毛条制造

毛条制造是指把洗净毛加工成精梳毛条的过程，任务是根据精梳毛纱的品质要求，将洗净毛按不同的原料比例搭配、混合加油，然后梳理，除去草杂、毛粒、短纤维，使其排列成为平行紧密的单纤维状态，最后制成一定重量的毛条。在制条过程中，有些纯羊毛加工将复洗工序安排在先精梳后复洗或理条过程，复洗过程将产生部分废水。

梳毛机对进机原料进行反复多次的开松、梳理，使原料由小块、小束状逐渐分解为单根纤维状态，因此在梳毛工段中有纤维尘等颗粒物的无组织排放。

（3）前纺加工与后纺加工

前纺工程包括条染复精梳、混条、针梳、粗纱。在前纺工程中，毛条被逐步抽长拉细，直至加工成单位重量为 0.25～1.2 g/m 的粗纱。精纺细纱工艺是将粗纱进一步抽长拉细至一定的细度，并加上适当捻度，以增加纱线强力，然后将纺好的纱线绕在纱管上，以便后道工序加工或搬运。后纺加工主要工段包括细纱、并线、捻线、蒸纱、络筒等。从产排污角度看，前纺加工与后纺加工不是产污环节，因此本章不再赘述。

2.3.3.3　污染控制可行技术

（1）废水

毛纺初步加工是水污染物产排污的主要环节，主要为洗毛废水。洗毛废水通常含有乳化脂、羊汗、植物性草杂、泥土、羊粪等杂物，外观褐黄、浑浊、气味腥臭，有机污染物含量很高，每升废水 COD_{Cr} 达上万毫克，是较难处理的高浓度有机废水。目前毛纺排污单位的洗毛工序的水污染物排放管理执行《毛纺工业水污染物排放标准》（GB 28937—2012）。洗毛废水常见的处理方法有物化—生物组合工艺，预处理工艺包括膜分离、絮凝沉降、气浮等，二级生化处理包括水解酸化、厌氧生物法、好氧生物法等。羊毛脂是经济价值较高的化学品，具有广泛的用途。若最大限度地回收羊毛脂，不仅有利于降低废水中的含脂量、提高经济效益，同时也是节能减排的重要举措。目前我国广泛采用离心法和沉淀萃取法回收羊毛脂。

（2）废气

毛纺生产过程中一般不产生排放量较大的废气，但在选毛、梳毛等工段中会有颗粒物等无组织排放。《纺织印染业职业病危害预防控制指南》（GBZ/T 212）及《纺织工业企业职业安全卫生设计规范》（GB 50477）等相关文件要求，在原料准备、纺纱、织造等工序中，需要设置必要的防尘措施。对于产生粉尘的车间或工序，生产过程和机械设备宜机械化、自动化或密闭隔离操作，并应安装除尘或净化排放装置；工艺生产过程允许时应采取加湿降尘措施；但作业场所粉尘或有害气体浓度较大且不宜处理时，应设立独立操作室并设置机械通风。

2.3.4　丝绸

丝绸纺织是指由蚕茧制成生丝，或由疵茧、废丝纺制成绢丝，再将这些天然丝及其他丝质原料经准备及制造工序，生产出绸、缎、绉、锦、罗、绫等多种式样和纹路的产品。

2.3.4.1　主要工艺

（1）制丝

制丝指将蚕茧加工成生丝的工艺过程，常见原料有桑蚕茧和柞蚕茧。桑蚕是家蚕，以桑叶为食，制得的桑蚕丝具有较高的品质。柞蚕为野蚕，以柞叶为食，制成的柞蚕丝中丝胶颗粒小，灰分含量高，具有淡黄褐色，需要经过漂练。

桑蚕丝：混茧→剥茧→选茧→煮茧→缫丝→复摇→整理→成品。

柞蚕丝：混茧→选茧→煮茧→漂茧→剥茧→缫丝→复摇→整理→成品。

① 混茧：指将不同地区生产的蚕茧，选茧质相近者按工艺要求的比例进行混合，以扩大茧批和搭配纤度，从而提高生丝的质量和产量。

② 剥茧：蚕茧外部有一层丝缕松乱的茧衣，它的丝含胶量多，纤度细而脆。为减少选茧、煮茧、缫丝的困难，需要剥去茧衣，称为剥茧。桑蚕茧的剥茧在混茧后进行，剥去的茧衣可以用作绢纺材料。柞蚕茧由于茧衣与茧柄相连，为防止形成破口茧及在漂茧中保护茧丝，剥茧在煮茧和漂茧后进行。

③ 选茧：指选除一批不能缫丝的下茧，如重黄斑茧等。

④ 煮茧：指利用水、热和药剂的作用，把茧丝外围的丝胶溶解，以减弱丝胶粒子间的结合或丝条间的结合，便于缫丝。

⑤ 缫丝：是制丝的主要工序，指把煮熟的茧子的绪丝理出后，根据目的纤度的要求，在一定工艺条件下制成生丝。

⑥ 复摇：指将卷绕在小篗上的生丝重新卷绕在大篗上，以去除缫丝过程产生的疵点丝，提高生丝的强力和伸长度，同时便于成绞、打包。

⑦ 整理：指将经过复摇后的大篗生丝进行留绪编丝，经水分平衡后绞丝、打包、成件。

将养蚕、制丝、丝织过程产生的疵茧、废丝，经过精细加工后纺制成绢丝和绸丝的过程称为绢纺。绢纺的工艺过程和加工特点由原料特性和产品要求决定，一般分为精练、制绵、纺纱三个阶段，所纺产品为绢丝。在制绵过程中形成的罗冕，其纤维长度很短，整齐度差，杂质多，通常采用粗梳纺纱工艺加工成䌷丝。

（2）丝织

将各种丝织原料经准备及织造工序，使经纬丝相互交织，制成丝织物的过程称为丝织。

在织造前，经纬丝需要进行准备工作，以增加机械性能及卷绕成一定的形式。准备工作依据织物品种的要求有所不同，一般有以下几种工序：

① 浸渍：重胶天然丝及后续需加强捻的天然丝，必须经过浸渍，使其性质由坚硬变为柔软而润滑。

② 络丝：把成绞天然丝或人造丝，经过络筒机，络在有边、无边筒管或篗子上，使获得一定的卷绕形式和一定的长度。

③ 并丝：并合两根及以上的丝线，成为一根。

④ 捻丝：将已并合的丝线或单线加以适当的捻度，使其坚牢而富有弹性，符合织物的要求。

⑤ 定型：经过加捻的丝，尤其是强捻丝，必须定型，使捻度稳定，防止卷缩。

⑥ 成绞：需要进行染练的丝，则要由筒子再络成绞丝，进行精练和染色。

⑦ 再络：为使退卷容易，并将卷装量增加，精练及染色的绞丝，在络丝机上再卷绕程筒装丝。

⑧ 整经：按照丝织物的规格，将需要用的经丝数，绕在经轴上，使其形成具有一定的顺序和排列、长度、根数、幅度的经轴。

⑨ 浆丝：为避免丝线起毛、断头，影响织造的进行，无捻或低捻的粘胶丝、合纤丝及混纺纱等作经丝时都需要浆丝。强捻丝和桑蚕丝作经丝时，可以不浆丝。

⑩ 卷纬：指将筒子上的丝线卷绕成符合织造工艺要求的纡子。

准备工序完成后，将经纬两组丝线在织机上由开口、引纬、送经和卷取等运动相互配合，制成符合一定规格要求的织物。

2.3.4.2　主要产污环节

（1）制丝

制丝过程的废水主要由煮茧、缫丝、复摇等工序产生，其中煮茧、缫丝和复摇废水为连续排放，滞头和精练废水为绢丝纺废水，呈间歇性排放，制丝生产排污流程如图 2-7 所示。

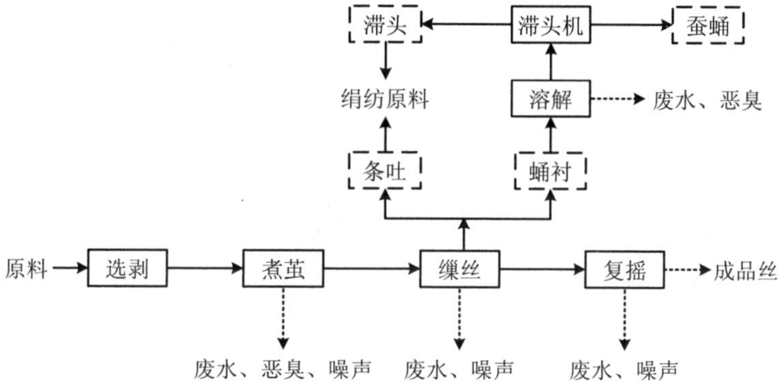

图 2-7　制丝生产排污流程图

① 煮茧

煮茧依靠热、水和药物的作用，使茧层丝胶得以适当地膨润软化和少量溶解，减小茧丝间的胶着力，以便茧丝能够连续不断地依次离解。目前常用的煮茧工艺分为真空渗透和煮茧机煮茧。煮茧机煮茧包括渗透、煮熟、调整、保护四个阶段。主要使用的化学助剂有拉开粉、氨水、硅酸钠、柠檬酸钠、雕白粉、冰醋酸、甲醛等，用以促进润湿、渗透、丝胶溶解，提高茧的解舒和洁净，对次茧色素进行褪色，同时保护茧丝。由于废水中含丝胶，其主要成分蛋白质易腐败变质，故有恶臭无组织排放产生。

② 缫丝

缫丝是制丝过程的一道主要工序，其根据生丝目的纤度的要求，将蚕茧丝缕解并合成生丝，一般由如下几个过程组成：

索绪→理绪→添绪→集绪→捻鞘→卷绕→干燥。

索绪是通过摩擦的物理运动从煮熟茧或落绪茧茧层表面引出绪丝的过程；理绪是将

蚕茧表面的杂乱绪丝去除，加工成一茧一丝的正绪茧的过程；添绪是将正绪茧送入缫丝槽，绪丝交给发生落细的绪头的过程；集绪是将若干粒正绪茧的茧丝合并，从集绪器的孔眼中通过，使它们聚集起来，同时去除丝条附着的水分，增加抱合力，防止病疵；捻鞘是使丝条在张紧的状态下，前后丝段相互绞捻的过程；卷绕是经捻鞘的丝条，在卷绕机构作用下有规律地卷绕在小篗上形成丝片，便于干燥和退绕；干燥是将卷绕到小篗上的丝条上的水分烘干到一定程度的过程。

缫丝的方法很多，按缫丝机械类型的不同，可分为自动缫和立缫两种。但自动缫丝机的工艺过程与立缫机的基本相同。自动缫丝是用机械运动代替立缫的手工操作（如索绪、理绪、添绪、除蛹和拾落绪茧等），并自动控制生丝纤度的缫丝方法。缫丝过程中多用柔软剂、乳化白油、亚硫酸钠、硅酸钠、甲醛等化学助剂防止丝胶胶着，促进蚕丝柔软光滑，提高解舒，减少夹花。

③ 复摇

复摇是根据一定的规格要求，将小篗丝片返成合格的大篗丝片和筒装丝的过程，通常使用柔软剂、水化白油、乳化蜡、太古油、皂片等化学助剂促进丝条离解，蚕丝柔软光滑，提高解舒及洁白度。

④ 副产品加工

在缫丝生产中，将蚕茧抽丝后剩下的蛹衬及其内部的蛹衬称为汰头。制丝副产品薄皮茧经烧碱浸泡、蛹衬剥离及滞头丝漂洗过程可制造成为绢纺原料，废水中主要含有蛋白质、蛹油、茧等物质，易腐败产生臭气无组织排放。

⑤ 绢丝加工

绢丝的加工工艺过程包括精练、精梳、粗纺、精纺等工序。绢丝废水主要来自精练工序，即精练废水。废水中含有较高的蚕丝胶，蛹油和精练工艺中加入的纯碱、保险粉、肥皂、雷米邦等助剂。精练废水分为高浓度废水和低浓度废水两部分。高浓度废水由练蛹废水、槽洗废水和煮练废水组成；低浓度废水由水洗机、脱水机和地面冲洗废水组成。

（2）丝织

蚕丝织造前的准备工序通常将纬线经过染色以便于区分，再经过并丝、捻丝、定型、倒筒等工序，经线无须染色，倒筒后上织机牵经。准备工序的产排污流程如图 2-8 所示。

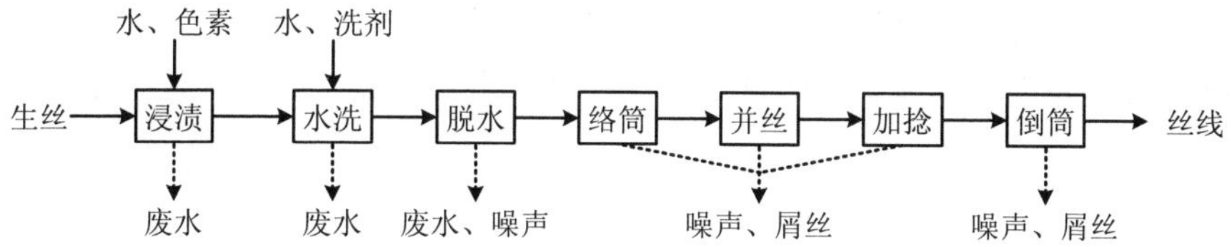

图 2-8　准备工序的产排污流程图

浸渍使丝胶软化，增加丝身的柔软性、润滑性、耐磨性和减少因摩擦而产生的静电作用。加入适量的泡丝剂及色素，加入色素（一般为浅色）以区分经纬线。接下来利用循环水对浸泡后的软化丝进行水洗，去除不必要的夹带物。络丝则是将绞装丝卷绕到筒子上。并丝是将两根以上的单丝并成一根胶线的加工过程，一般为三股合一。捻丝增加丝的力度，增加黏合力。定型通常是将丝料放入真空热定捻锅中，在高温高压条件下进行。浸渍、水洗及脱水过程产生废水，络筒、并丝、加捻及倒筒过程易产生噪声及屑丝等颗粒物无组织排放。

织造主要分经线和纬线，工序可概括为整经、穿筘、织造，产排污流程如图 2-9 所示，主要是产生噪声与屑丝。

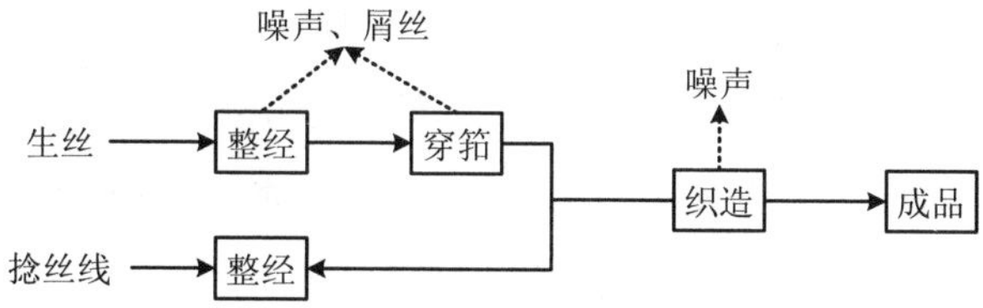

图 2-9　织造工序的产排污流程图

2.3.4.3　污染控制可行技术

（1）废水

制丝主要是以水作为介质来进行的，是丝绢纺织中污水产生的主要环节，包括煮茧废水、缫丝废水、复摇废水以及副产品加工（滞头）废水几部分。其中煮茧、缫丝、复摇废水为连续式排放，滞头废水为间隙性排放。每生产 1 t 生丝，需用水 700～2 000 m^3，所产生的废水排放量为 550～950 m^3，其中煮茧废水占 7%～10%，缫丝废水占 60%～65%，复摇废水占 1%～2%，副产品加工废水占 7%～15%。这类废水虽然无毒，但含有大量蛋白质、氮、磷等营养物质，导致水体富营养化，该废水的污染特点为：

① 煮茧废水为含有丝胶的脱胶废水，易生物降解。废水量较缫丝废水水量小。

② 缫丝废水外观为淡茶色，较浑浊，生产过程中水量稳定，有机物浓度无规律变化。废水中主要含有丝胶、丝素等高分子蛋白有机物。缫丝废水水量占比大，其中立缫工艺产生的废水污染物浓度相对较高，自动缫丝工艺废水因水量大，污染物浓度相对较低。

③ 丝绸厂缫丝车间将蚕茧抽丝后剩下的蛹衬及其内部的蚕蛹称为滞头，俗称汰头。将缫丝后的剩余副产品蛹衬加入烧碱浸泡、蛹衬剥离及汰头丝漂洗过程中所产生的废水就是汰头废水，一般呈碱性，pH 可达 10～12。这种废水含有丝胶蛋白和蛹蛋白、蛹油和茧、蛹碎屑、脂肪酸及无机盐等物质。COD 可达 8 000～15 000 mg/L，总氮可达 550～800 mg/L，磷酸根离子可达 120～900 mg/L。

在丝线织造前的生产过程中，浸泡、水洗、脱水工序也有废水产生，其污染物质主要是可生化性良好的丝胶蛋白质、食用色素等有机物质，沉淀后排入污水处理站统一处理。

丝绢纺织废水中的主要成分是丝胶、丝素及蚕蛹中的蛋白质，总量占蚕丝量的20%～30%，可回收经济价值较高、丝胶蛋白含量较大。可行技术有酸析法、冷冻法与膜法。废水经处理后排放，需符合《缫丝工业水污染物排放标准》（GB 28936—2012）。

（2）废气

制丝过程中，煮茧、缫丝、副产品加工工序均会产生不同程度的臭气。煮茧、缫丝车间通常相连，煮茧过程中水温较高，废水中的蛋白质和低分子有机物易溶解，恶臭物质易挥发。副产品车间是产生汰头和蚕蛹的加工车间。蚕蛹需用 8%的氢氧化钠溶液清洗，蚕蛹含有大量的蛋白质，堆沤时间较长易引起蛋白质腐烂，散发出恶臭，因而副产品车间是产生恶臭最为严重的场所。

此外，制丝过程的选茧、混茧、剥茧及织造过程有粉尘等颗粒物等无组织排放产生。根据《纺织印染业职业病危害预防控制指南》（GB/T 212）及《纺织工业企业职业安全卫生设计规范》（GB 50477）等相关文件要求，需要进行必要的防尘治理。对于产生粉尘的车间或工序，生产过程和机械设备宜机械化、自动化或密闭隔离操作，并应安装除尘或净化排放装置；工艺生产过程允许时应采取加湿降尘措施；但作业场所粉尘或有害气体浓度较大且不宜处理时，应设立独立操作室并设置机械通风。

2.3.5 织造

2.3.5.1 生产工艺

织造是指将纱线或纤维经编织工艺或非织造工艺制成各种织物的生产过程。一般产品有机织物、针织或钩针编织物和非织造物。机织物是指经纬纱以垂直方向交织的织物。交织的规律称为织物组织，有原组织（平纹、斜纹、缎纹）、变化组织、联合组织、复杂组织和提花组织等。针织或钩针编织物是指用织针或钩针等将纱线顺序弯曲成线圈，线圈相互串套而形成的织物。纱线形成线圈的过程，可以横向或纵向地进行，横向编织称为纬编织物，而纵向编织称为经编织物。非织造物是将纺织短纤维或者长丝进行定向或随机排列，形成纤网结构，然后采用机械、热粘或化学等方法加固而成的织物，也称无纺布。

在织造生产过程中，一般喷水织造工艺产生较多的废水，其他的织造生产工艺废水、废气产生量较少，因此本书仅对喷水织造工艺进行详细描述。

喷水织机利用水作为引纬介质，用水流对纬纱产生摩擦力，将固定在纬子上的纬纱引入梭口，由于水的集束性远高于空气，所以喷水织机上不需要安装防止水流扩散的装置，幅宽能达到 2 m 多，且喷水织机的速度和入纬率相比其他织造工艺处于领先水平。

2.3.5.2 主要产污环节

由于喷水织机车速快，经丝与金属、经丝与经丝之间的摩擦极大，需要提高经丝的平滑性和耐摩性；合纤丝具有较高的绝缘性，在高速织造时，丝与金属、丝与丝之间剧烈摩擦产生的静电荷高度聚集而影响织造，需要提高经丝的抗静电性和集束性；同时在织造时必须克服生丝外裹丝胶的膨润溶解性、丝胶的刚脆性以及生丝吸水导致湿强力下降等弊病，因此要设法提高经丝的耐水性。鉴于以上原因，用喷水织机织造（丝绸、涤纶、锦纶等）时，需要选用合适的浆料。在织造过程中，由于纱线之间、水的摩擦力，导致浆料与纤维脱落，因此喷水织机废水的主要污染物为细小纤维、浆料、润滑油等，每台喷水织机日排废水量约 2 m^3，属中度污染水质。一般情况下，不经过反复循环使用的喷水织机废水水质指标如表 2-6 所示。

表 2-6 喷水织机废水水质指标

pH	COD/（mg/L）	SS/（mg/L）	色度/倍	油类/（mg/L）	阴离子表面活性剂/（mg/L）
6.6～7.1	150～280	105～250	80～170	10～15	6～10

2.3.5.3 污染控制和可行技术

喷水织造废水的来源主要有引纬过程产生的废水，污染物主要由纺纱油剂、浆料、油脂、细小纤维及其他杂物构成，该类废水具有以下特征：

① 石油类物质含量较高，且所用油剂具有良好的稳定性和乳化性，破乳是物化处理的关键。碱式氯化铝（PAC）在一定的作用时间下，对该含乳化油的废水具有较好的破乳作用，PAC 既作为破乳剂又作为混凝剂，且投加量小，是处理该类废水常用的药剂。

② 经破乳絮凝后，气浮是必要的工艺。

③ 除油后废水经过机械过滤、活性炭过滤后，进一步去除水中残留物质，可后续回用。

图 2-10 为典型喷水织机处理工艺流程。

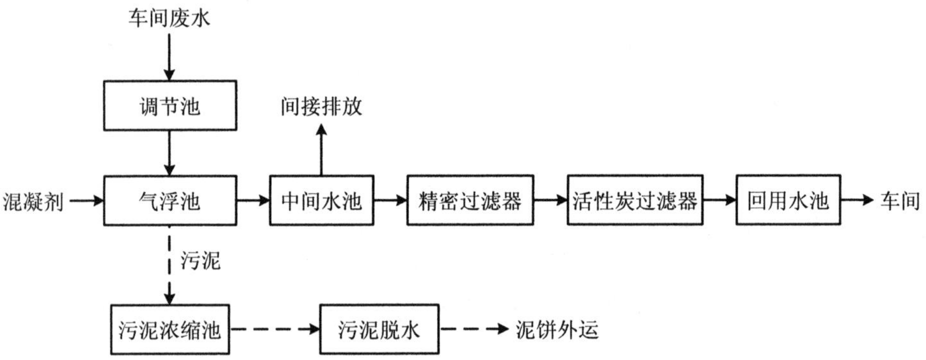

图 2-10 典型喷水织机废水处理工艺流程图

2.3.6 印染

印染也称为染整，对纺织材料（纤维、纱线和织物）进行以化学处理为主的工艺过程。印染同纺纱、机织或针织生产一起，形成纺织物生产的全过程。印染包括前处理、染色、印花和整理。

2.3.6.1 生产工艺

印染的生产工艺可以分为前处理、染色、印花和整理 4 个主要工序，不同织物印染加工工艺根据原材料和产品要求又有所不同。根据不同织物性质，主要织物印染加工工艺具体如表 2-7 所示。

表 2-7 主要织物印染加工工艺

序号	生产工艺	工艺流程
1	纯棉或棉混纺织物染色、印花	棉坯布→烧毛→退浆→煮练→（漂白）→（丝光）→染色、印花→整理→成品
2	棉针织产品染色、印花	针织坯布→煮练→漂白→染色、印花→整理→成品
3	毛粗纺织物染色、印花	毛坯布→洗呢→缩呢→染色→整理→成品
4	毛粗纺散毛染色	散毛→染色→梳毛→纺纱→络筒→整经→织造→洗呢→缩呢→整理→成品
5	毛精纺毛条染色	毛条→染色→复精梳→纺纱→络筒→整经→织造→烧毛→洗呢→煮呢→蒸呢→成品
6	绒线染色	坯线→洗线→染色→烘干→成品
7	麻纺产品染色	坯布→烧毛→退浆→煮练→（漂白）→（丝光）→染色、印花→整理→成品
8	丝绸产品染色、印花	坯绸→精练→染色、印花→整理→成品
9	涤棉织物染色	化纤织物→烧毛→退浆→煮练→（漂白）→（丝光）→染色、印花→整理→成品
10	涤纶仿真织物染色、印花	坯布→精练→收缩→预定型→碱减量→染色、印花→水洗→整理→成品

（1）前处理

前处理工艺又称练漂，包括退浆、煮练和漂白等，其主要目的是去除纺织材料上的杂质，使后续的染色、印花、整理加工得以顺利进行，获得预期的加工效果。根据不同织物，前处理的工艺有所不同。

① 棉纺织物、麻纺织物及其混纺织物

a. 退浆是去除织物上浆料的工艺过程。织物的浆料是为了使经纱具备良好的弹性、伸长、抗张强度、耐磨性和柔韧性等可织性，在织造过程中防止经纱断头，提高经纱的强力、耐磨性和光滑度，保证织布顺利进行。然而坯布的这些浆料却使织物不吸水，没有渗透性，阻碍染料、化学用剂与纤维接触，并与染料及其他化学试剂发生物理化学反应。因此，在煮漂前都要先去除坯布上的浆料，此过程在工艺上称为退浆。

各类织物退浆的方法随浆纱所用的浆料不同而不同，常用退浆的方法主要分为热水退浆法、碱液退浆法、酶退浆法、氧化剂退浆法 4 种。

b. 煮练就是用化学的和物理的方法去除杂质、精练提纯纤维的过程，只是纤维性质不同、含杂不一，净化要求程度不同。在纤维净化工程中，即前处理过程中煮练是非常重要的工序。

棉纤维生长时，有天然杂质（果胶质、蜡状物质、含氮物质等）一起伴生。棉织物经退浆后，大部分浆料及部分天然杂质已被去除，但还会有少量的浆料以及大部分天然杂质残留在织物上。这些杂质的存在，使棉织布的布面较黄，渗透性差。同时，由于有棉籽壳的存在，大大影响了棉布的外观质量，因此需要将织物在高温的浓碱液中进行较长时间的煮练，以去除残留杂质。

物理化学方法主要是用煮练助剂的润湿、增溶、乳化、分散等作用将杂质从纤维上分离，它不改变杂质的性质，仅改变杂质的分散状态。

化学方法主要用烧碱来分解纤维素共生物。

煮练除使用烧碱外，为提高煮练效果，添加煮练助剂是必不可少的。

c. 漂白是印染前处理的重要工序，它有两个作用：一是去除织物上的色素，使织物更加洁白，提高产品的花色鲜艳度；二是继续去除煮练尚未去净的纤维素共生物，如棉籽壳等。漂白后织物上的油蜡、灰分等杂质会进一步得到去除，而吸水性等指标都较煮练后有较大提高，因此，漂白也担负了部分净化纤维的任务。

② 化纤织物

a. 精练主要是为了去除化学纤维织物上的杂质，与棉织物的退浆、煮练功能类似，化纤织物上的杂质一般为化学浆料和油剂。化学纤维上浆率低，前处理工序产生废水的污染物浓度比棉织物前处理工序要低很多，前处理废水中主要含有浆料、油剂、碱等污染物。精练在碱性条件下进行，聚酯化学纤维在碱性条件下的精练过程也会发生水解反应。化学纤维织物印染生产过程产生的精练废水 COD 浓度一般在 1 000～8 000 mg/L，pH 大于 11。

b. 碱减量是利用碱对聚酯纤维的水解作用，腐蚀涤纶纤维表面，使织物获得真丝般的手感、光泽，并提高纤维的上染率、吸湿性和透气性。涤纶化纤印染加工过程中如进行碱减量前处理工序，产生的碱减量废水中含有聚对苯二甲酸乙二酯（PET）低聚物、乙二醇、对苯二甲酸二钠盐、碱等特征污染物。同时，减量过程还可能使残留的聚酯合成过程中使用的催化剂锑进入废水，因此碱减量废水可能含有总锑。

③ 丝织物

a. 精练。蚕丝在缫丝过程中去除部分丝胶，绢丝在纺丝过程中，通过精练也去除部分丝胶，但在纤维上仍有残留，因此制成的坯布为便于染色需进行精练。丝绸精练除去除剩余的丝胶外，还需去除捻丝和织造过程中沾的油脂、浆料、色浆、染料等，使丝纤维柔软。柞丝坯布精练前应先浸渍去浆，采用皂碱法精练，柞丝经充分脱胶后略带棕黄色。精练过程中所用的酸、碱、漂白剂、表面活性剂和酶的种类很多，主要有醋酸、纯碱、烧碱、泡花碱、磷酸三钠、保险粉、双氧水、漂白粉、次氯酸钠、肥皂、合成洗涤剂、雷米邦 A、净洗剂、分散剂、柔软剂、碱性蛋白酶和淀粉酶等。

b. 漂白。丝绢纺织品在染成浅色或制成白色织物时还需进行漂白。漂白采用双氧水等氧化剂，漂白过程产生一定量废水，但其污染物含量较低。

（2）染色

染色是通过染料和纤维发生物理的或化学的结合而使纺织材料具有一定的颜色，也可使用化学方法在纤维上生成染料而使整个纺织品带有颜色。染色产品不但要求色泽均匀，而且必须具有良好的染色牢度。根据染色加工的对象不同，染色方法可分为织物染色、纱线染色、散纤维染色及成衣染色，其中织物染色应用最广。

染料是指能够使纤维材料获得色泽的有色有机化合物，但并非所有的有色有机化合物都可以作为染料。作为染料一般要具备四个条件：一为色度，即必须有一定浓度的颜色；二为上色的能力，即能够与纤维材料有一定的结合力，称亲和力或直接性；三为溶解性，即可以直接溶解在水中或借化学作用溶解在水中；四为染色牢度，即染上的颜色须有一定的耐久性，不容易褪色或变色。有些有色物质不溶于水，对纤维没有亲和力，不能进入纤维内部，但能靠黏合剂的作用机械地固着在织物上，这种物质称为颜料。颜料和分散剂、吸湿剂、水等进行研磨，制得涂料。涂料可用于染色，但主要用于印花。

（3）印花

印花是通过一定的方式将染料或涂料印制到织物上形成花纹图案的方法。织物的印花也称织物的局部染色。传统的印花过程包括图案设计、花纹制版、色浆调制、印制花纹、后处理（蒸化和水洗）等工序。

织物印花的方法，根据印花工艺的不同可分为直接印花、拔染印花、防染印花等种类。

直接印花是将各种颜色的花型图案直接印制在织物上的方法。在印制过程中，各种颜色的色浆不发生阻碍和破坏作用。印花织物中有 80%～90%采用此法。

拔染印花是染有底色的织物用含有可以破坏底色的化学品的色浆进行印染的印花方

法，这类化学品称为拔染剂。拔染浆中也可以加入对化学品有抵抗力的染料，如此拔染印花可以得到两种效果，即拔白和色拔。

防染印花是先在织物上印制能防止染料上染的防染剂，然后轧染底色，印有花纹处可防止底色上染。防染印花可得到三种效果，即防白、色防和部分防染。

国内目前使用的印花设备，主要以放射式辊筒印花机和圆网印花机为主，其他还有半自动及自动平网印花机。

（4）整理

整理是通过物理作用或使用化学药剂改进织物的光泽、形态等外观，提高织物的服用性能或使织物具有拒水、拒油等特性。

织物整理按其目的大致可以分为下列几个方面：

① 使织物幅宽整齐，尺寸形态稳定：属于此类整理的有定幅、防缩防皱和热定型等，称为定型整理。

② 改善织物手感：如硬挺整理、柔软整理等。这类整理可采用机械方法、化学方法或两者共同作用处理织物，以达到整理目的。

③ 改善织物外观：如光泽、白度、悬垂性等。有轧光整理、增白整理及其他改善织物表面性能的整理。

④ 其他服务性能的改善：如棉织物的阻燃、拒水、卫生整理，化纤织物的亲水性、防静电、防起毛起球整理等。

织物后整理根据上述要求，其加工方法可分为两大类，即机械后整理和化学后整理。通常将利用湿、热、力（张力、压力）和机械作用来完成整理目的的加工方法称为机械后整理，而将利用化学药剂与纤维发生化学反应来改变织物物理化学性能的加工方法称为化学后整理。但两者并无明显界线。根据生产中产排污量比较大的特点，本书针对热定型和涂层两种整理工艺进行详细说明。

① 热定型

热定型是整理的一种工艺，即使热塑性纤维及其混纺或交织物形态和尺寸相对稳定的工艺过程。热塑性纤维在纺织生产中要经过适当温度的热定型，使纤维、纱线和织物的外形尺寸稳定，以利于后道加工。此外，利用热定型工艺并结合其他物理或机械作用还可以制得弹力纱（丝）、低弹纱（丝）和膨体纱等织物。含有热塑性纤维的织物在纺织过程中会产生内应力，在染整工艺的湿、热和外力作用下，容易出现褶皱和变形。热定型能使染整后成品具有平挺的外观和良好的形态稳定性。

② 涂层

涂层主要工艺包括：直接涂层、转移涂层、凝固涂层和层压。

a. 直接涂层：即不依靠媒介，直接把涂层剂涂在基材上，产品包括薄型服装面料、人造革、防水帆布等。

b. 转移涂层：将涂层剂涂在片状载体（离型纸或钢带）上，使它形成连续的、均匀的薄层，然后再在薄膜上涂上黏结剂，与织物（或起毛织物）叠合，经过烘干和固化，把载体剥离，涂层剂膜（包括黏结层）就会从载体上转移到织物上，膜的表面也就带有离型纸的花纹。涂层剂、离型纸和基布是转移涂层的三个组成部分。转移涂层的产品绝大多数是人造革。

c. 凝固涂层：又称湿法涂层，它的特点是在凝固浴中生成多孔性膜，这与直接涂层、转移涂层在烘箱中成膜大相径庭，其产品性能优异，是公认的高档涂层织物。

d. 层压：就是把薄片状材料一层层地叠合，通过加压黏结成为一体。这种技术最初是将硬质材料（如多层木板浸胶），经过加热加压制成层压板，以后发展为用于软质材料的黏结方法。其中包括：1）焰熔法：聚氨酯泡沫体薄片在高温火焰中掠过，表面会发生熔融、发黏，此时薄片若迅速与织物叠合、加压，即可制成焰熔法复合织物。工艺包括聚氨酯泡沫体制造、刨片和焰熔层压三个步骤。2）压延法：它是将塑炼后的物料通过四辊压延机，在强大的压力下压延成薄膜，然后和基布贴合的工艺。3）热熔法：高分子薄膜与基布的层压可以采取中间涂布黏合剂的加工工艺，如果薄膜本身是热塑性的，兼有热熔黏合能力，则可省去涂布黏合剂的工序。将树脂热熔轧制成膜，趁热将其直接与基布贴合，这种方法称为热熔法。4）黏合剂法：这种方法主要用于室内装饰织物等较厚织物制品的整理。其制作工艺是将 2.5～4 mm 厚的薄膜用黏合剂黏在织物表面，经过轧压使之牢牢地与织物黏在一起成为一体。

毛织物染整可分为光面整理与绒面整理两大类，前者多属于精纺毛织物整理，后者多属于粗纺毛织物整理。光面整理主要用于精纺织物，整理后呢面平整光洁、织纹清晰、光泽自然持久。经过绒面整理的织物，表面形成一层绒毛，使织物织纹隐蔽、花型柔和、呢面细洁、绒面整齐。

桑蚕丝织物整理一般通过干燥、熨平，保持一定门幅，发挥其组织特点。为提高桑蚕丝织物的防缩抗皱性能，改善悬垂性，也常对其进行添加剂整理、树脂整理等化学整理。柞蚕丝织物则采用烘燥整理、呢毯整理或热风拉幅烘干整理，亦使用防缩柔软整理。

2.3.6.2 主要产污环节

（1）典型印染工艺产污环节

典型的化纤、混纺布、麻棉、涤棉布、毛纤维织物、丝纤维织物和针织物印染及涂层整理工艺流程和产污节点分别如图 2-11～图 2-18 所示。

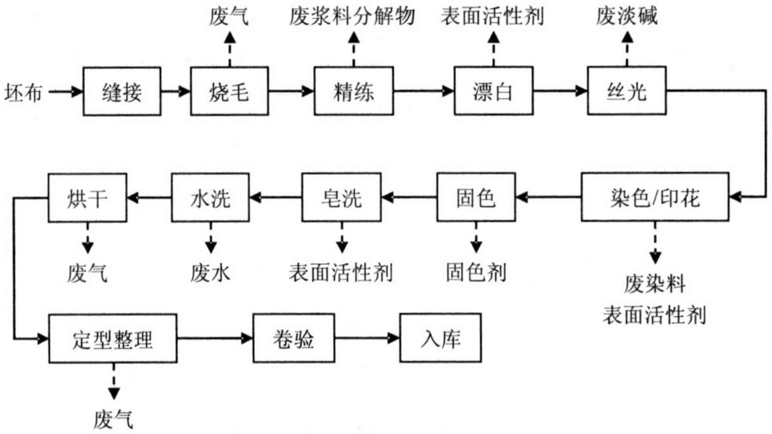

图 2-11 典型化纤、混纺坯布印染工艺流程及产污节点

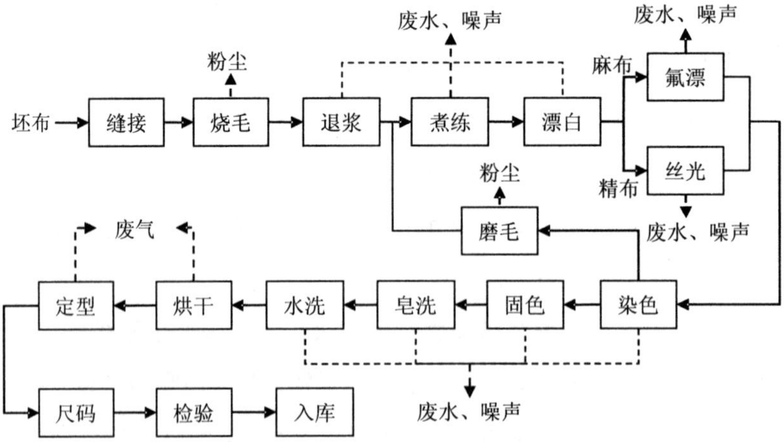

图 2-12 典型麻、棉坯布染色工艺流程及产污节点

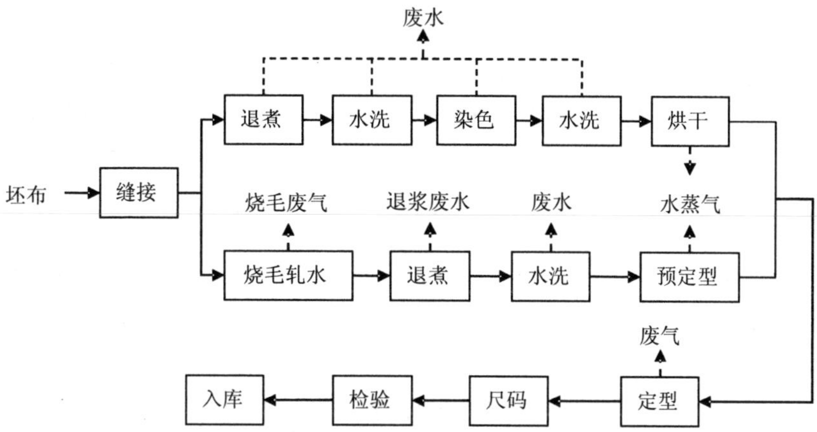

图 2-13　典型涤棉布印染工艺流程及产污节点

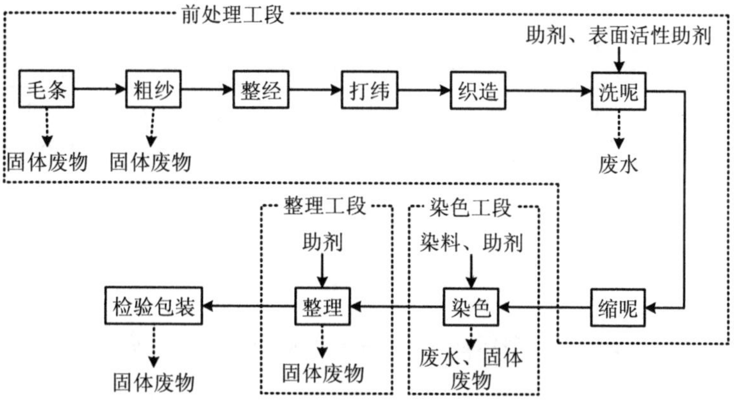

图 2-14　毛粗纺坯染典型染色工艺流程及其产污节点

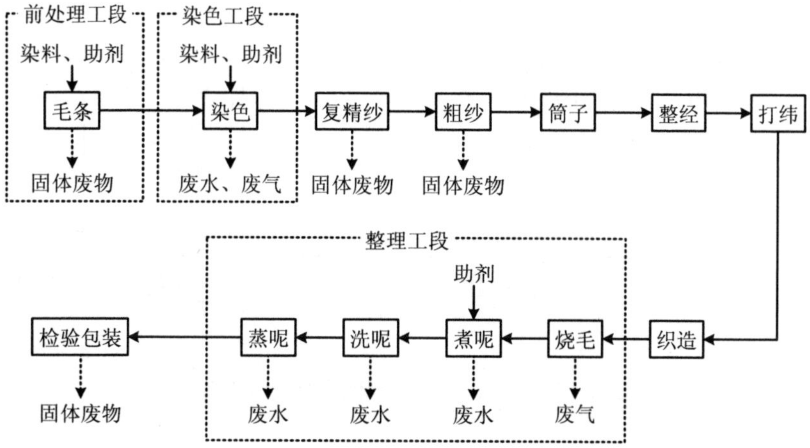

图 2-15　毛精纺条典型染色工艺流程及其产污节点

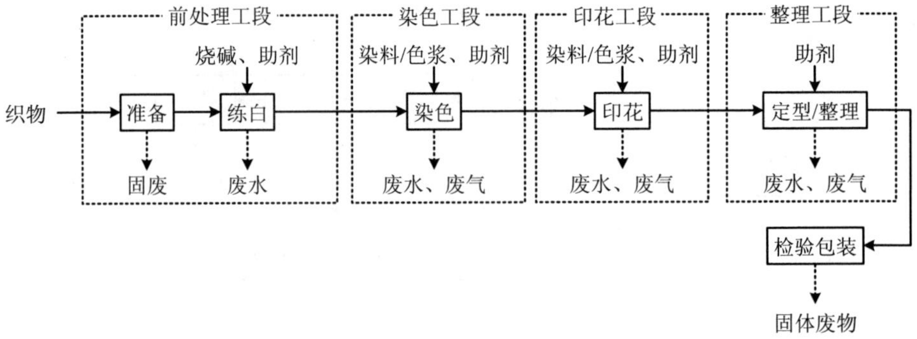

图 2-16 丝纤维织物典型印染工艺流程及其产污节点

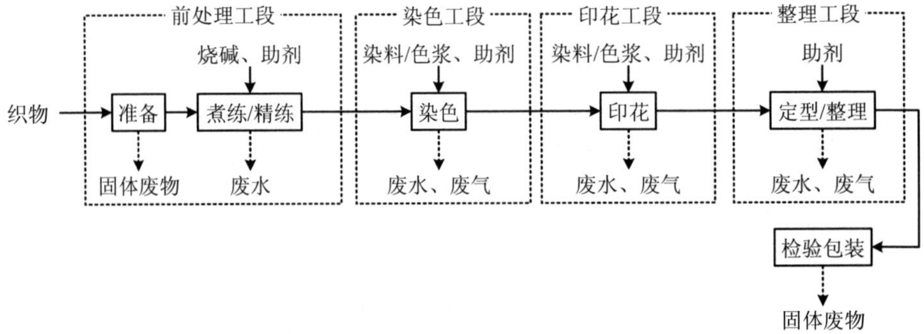

图 2-17 针织物典型印染工艺流程及其产污节点

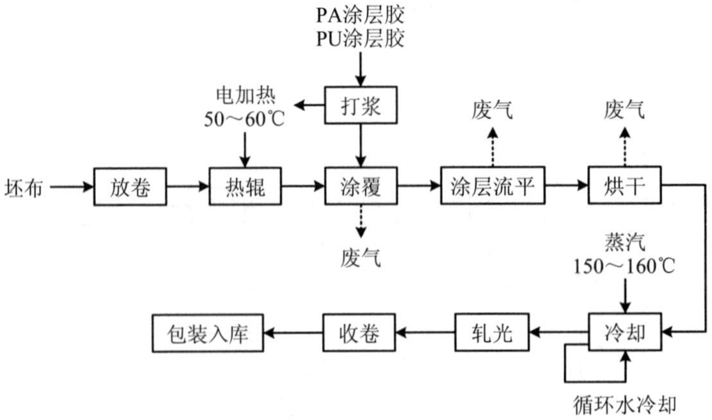

图 2-18 典型的涂层整理流程及产污节点

从上述工艺流程来看，可将印染生产工艺流程分为坯布准备和前处理、染色或印花、后整理及成品包装 4 个阶段。其中，前处理和染色印花是主要污染排放源。前处理包括烧毛、精练、漂白、丝光等过程。烧毛是指将织物通过火焰或在炙热的金属表面擦过，烧去表面绒毛的工艺过程，以保证后续对织物进行染整的工艺效果。此过程会因纤维燃烧产生一定的颗粒物。精练、漂白、丝光、染色、固色等工艺过程为湿过程，操作温度也不高，一般不会产生废气，但却是织物前处理过程中废水和噪声的主要来源。此外，为了达到织物整理要求，还会有皂洗、水洗、烘干等过程。在烘干过程中，织物上附带的织物油、纺纱油、染料、精练清洁用剂等会挥发，产生大气污染。此后，织物进入后整理工序，一般通过热定型机进行整理。由于热定型机的高温作用（180～210℃），部分定型温度甚至高达 280℃，使得吸附在织物表面的污染物受热大量挥发，造成严重的大气污染，主要为有机废气、粒状污染物（油烟和气溶胶）等。最后的成品包装、入库过程很少有废气释放。

（2）工艺产污分析

① 前处理

a. 煮练废水。棉纤维一般采用烧碱和表面活性剂高温煮练，废水呈强碱性，颜色很深呈褐色，COD 及 BOD_5 也高达每升数千毫克。

一般来说，化学纤维所含油剂和机油等杂质少，容易用碱和合成洗涤剂去除，因此化学纤维精练废水的污染物浓度相对较低。

煮练废水的特点是量大、污染物浓度高，其主要污染物为纤维中的杂质和洗涤剂等。

b. 漂白废水。漂白的目的是去除纤维表面和内部的有色杂质。一般情况下，常使用次氯酸钠、双氧水或亚氯酸钠等氧化剂来漂白。如果漂白浴中不含有机性助剂，则漂白废水中 BOD_5 很低。如果采用清浊分流，漂白工艺的漂洗水可循环使用。

c. 丝光废水。这类废水碱性很强，pH 高达 12～13，还含有纤维屑等悬浮物，但 BOD_5 较低，必须要考虑碱的回收。

d. 退浆废水。棉及化纤混纺织物的退浆废水含有浆料、浆料分解物、纤维屑、酸、碱和酶类等污染物，其废水量较小，但污染物浓度高，COD、BOD_5 和 SS 高达每升数千毫克甚至更高。以淀粉上浆的纯棉织物为例，退浆废水中的 BOD_5 可占整个印染加工废水中 BOD_5 的 45%左右，BOD_5/COD 比值可大于 0.6，有利于生物降解。但目前多数采用混合浆料，一般配方为：变性淀粉 55%、PVA 25.5%，其他为丙烯酸浆料等，为适应高速纺，所用 PVA 的聚合度和分子量也已提高，常用牌号为 1790 和 1799（指醇解度分别为 90%

和 99%、聚合度为 1 700），这类 PVA 很难降解，COD 最高可达到 70 000 mg/L，是棉及化纤混纺织物印染废水中的主要污染源。

e. 碱减量废水。为了使涤纶织物具有真丝感，在印染加工前往往需要进行碱减量处理，经过碱减量处理后的涤纶织物在染色性、吸湿性、手感和织物风格等方面都会有明显的改变。碱减量加工过程中产生的碱减量废水主要污染物成分是聚酯水解产生的乙二醇、对苯二甲酸和各种低聚物，该类废水的特点是碱性强、COD 浓度很高，混入印染废水后，形成具有特殊性质的碱减量印染废水。印染废水组成与特征见表 2-8。

表 2-8 印染废水组成与特征

废水类别	占总水量比例/%	COD/（mg/L）	COD 占总量比例/%	处理难易程度
染色废水	88～95	800	40	相对容易
碱减量废水	5～10	10 000～80 000	54	难
退浆废水	1～3	4 000～8 000	6	较难

② 染色

不同纤维原料需用不同的染料、助剂和染色方法，因此染色废水的变化十分频繁，污浊度差异很大。常用染料和对应使用的化学药剂见表 2-9 和表 2-10。染料的着色率各不相同，酸性染料、媒染及酸性媒染染料着色率较高，可达 90%～100%，硫化染料着色率较低，为 40%～60%，着色率低的染料进入废水量大。

表 2-9 主要纤维品种的常用染料

纤维品种	常用染料
纤维素纤维（棉纤维、粘胶纤维、麻纤维及其混纺产品）	直接染料、活性染料、暂溶性还原染料、还原染料、硫化染料、不溶性偶氮染料
毛	酸性染料、酸性媒染、酸性媒染染料
丝	直接染料、酸性染料、酸性媒染染料和活性染料
涤纶	分散染料、不溶性偶氮染料
涤棉混纺	分散/还原染料、分散/不溶性偶氮染料
腈纶	阳离子染料（如碱性染料）、分散染料
腈纶—羊毛混纺	阳离子染料与酸性染料先后分浴染色
维纶	还原染料、硫化染料、直接染料、酸性媒染染料
锦纶	酸性染料、分散染料、酸性媒染染料、活性染料

表 2-10　织物采用染料及化学药剂

染料品种	使用的主要化学药剂
直接染料	硫酸钠、碳酸钠、食盐、硫酸铜、表面活性剂
硫化染料	硫化碱、食盐、硫酸钠、重铬酸钾、双氧水
分散染料	保险粉、载体、水杨酸酯、苯甲酸、邻苯基苯酚、一氯化苯、表面活性剂
酸性染料	硫酸钠、醋酸钠、丹宁酸、吐酒石、苯酚、间二苯酚、醋酸
不溶性偶氮染料	烧碱、太古油、纯碱、亚硫酸钠、盐酸、醋酸钠
阳离子染料	醋酸、醋酸钠、尿素、表面活性剂
还原染料	烧碱、保险粉、重铬酸钾、双氧水、醋酸
活性染料	尿素、纯碱、碳酸氢钠、硫酸铵、表面活性剂
酸性染料	醋酸、元明粉、重铬酸钾、表面活性剂

a. 棉及其混纺染色。棉及其混纺染色主要采用活性染料，生产工艺成熟、稳定，污染程度不高。但其中蜡染生产工艺产生高含氮废水。其工序主要包括前处理、打底、上蜡、甩蜡纹、染色、机械洗蜡、皂化脱蜡等加工过程。其生产废水由机械洗蜡废水、皂化脱蜡废水所组成。机械洗蜡废水主要含有大量的松香蜡、靛蓝染料（或冰染料），悬浮物高达每升数万毫克；皂化脱蜡废水含有大量皂化松香蜡、碱荆等，色度高，pH 大于 13。蜡染工艺使用尿素，其排放的是含氮量较高的染整废水，废水的 NH_3-N 值可达 300 mg/L。

b. 麻染色。麻的染色历来采用直接染料、硫化染料、还原染料。由于活性染料染色容易，可得到从鲜明色到深色广泛的色光范围，加上坚牢度良好等特点，近年来在麻染色中应用增多。

麻与麻混纺织物的染色加工废水与棉纺织品相似，混纺织物所用的染料随混纺织物不同而异。如聚酯/麻混纺品染色时，可采用分散染料/活性染料组合，也可采用分散染料/直接染料组合，分散染料/还原染料组合。

由于各类染料上染率高低差异很大，因此麻纺织品染色废水中既含有各种不同浓度的残余染料、浆料、纤维屑等悬浮物，又含有各种助剂，废水的物理化学性质差异很大。尤其是洗涤剂用的表面活性剂，废水中可达 70～90 mg/L。表 2-11 为麻及其混纺织物染色废水的水质。

表 2-11 麻及其混纺织物染色废水水质

染料	助剂	pH	色度/倍	BOD_5/（mg/L）	COD/（mg/L）	悬浮固体/（mg/L）	硫化物/（mg/L）
活性染料、硫化染料、还原染料	纯碱、烧碱、柔软剂、渗透剂、增白剂、洗涤剂	9～10	300～500	200～300	580～900	200～300	4～5

c. 毛染色。由于羊毛本身含有烃基和氨基，因此主要采用上染率较高、染色牢度较好的酸性染料和媒介染料。

近年来，随着化纤工业的发展，毛混纺产品的品种和数量有较大增加，因此，毛纺产品所用染料品种也有所增加。根据采用混纺的纤维品种不同，染色时还分别采用分散、直接、阳离子等染料。但是由于在毛混纺产品中羊毛（或其他动物毛）所占比例较多，故整体上看，毛纺产品所用染料仍以酸性染料和媒染染料为主。

毛粗纺产品除了匹染外，还有相当数量的散毛染色；毛精纺产品主要是以匹染和条染为主，绒线产品以毛团染色和散毛染色为主。

为了使染料与毛纤维或化学纤维更好地结合，在染色过程中还要使用各种助剂。染色过程中主要使用的助剂有：醋酸、硫酸、红矾（重铬酸钾）、元明粉、柔软剂、匀染剂、平平加等。使用助剂是为了更好地促使染料上染到毛纺织物上，在毛纺织物染色后，助剂绝大部分进入到染色后的残液中。

在毛纺织产品染色过程中，为使染料与毛纤维结合得更牢固，并使产品有特殊的光泽，在染色过程中需投加一定量的红矾（重铬酸钾），红矾主要起络合作用，使染料与纤维结合得更牢固。为了保证产品质量，红矾投加量一般稍过量，因此染色废水中含有六价铬，根据几个大型企业排放的废水来看，一般红矾浓度不太高，混合废水中的含量比计算值要低，废水经过处理后六价铬较容易被还原成毒性较低的三价铬，处理后的出水基本上是达标的。

在毛纺染色废水中，染色助剂是构成染整废水中有机污染的主要部分，经测定一般占 80%以上，是毛纺织产品染整废水治理的主要目标。

毛纺织产品的染色过程大都在酸性或偏酸性条件下进行，其排放的废水经混合后，pH 在 6.0～7.0。

毛纺染色废水中含有一定的悬浮物，其中毛精纺产品染整废水中含量低些，但毛粗纺产品或绒线产品染整废水中含量较高，特别是采用散毛染色时，流失的毛纤维较多，需选用必要的预处理设备清除，一般采用滤毛机。毛纺织染整废水水质见表 2-12。

表 2-12 毛纺织染整废水水质

项目 / 废水种类	COD/（mg/L）	BOD/（mg/L）	SS/（mg/L）	pH	色度/倍
毛粗纺废水	250～450	80～150	150～500	6～7	80～150
毛精纺废水	150～300	30～80	40～80	6～7	50～80
绒线废水	200～350	50～100	100～150	6～7	80～150
毛精纺混纺废水	500～800	100～150	100～200	6～7	80～150

d. 丝染色。丝纤维与毛纤维都属于蛋白质类纤维，普遍采用弱酸性染料染色，其产生的染色废水性质与毛染色类似。

③ 印花

a. 印花废水。印花废水主要是色浆和各种染料，排放量小，浓度高，应考虑单独处理。以往花筒镀铬酐，在冲洗花筒时废水不能排入污水管道，还有花筒剥落时产生的三氧化铬，其三价铬含量在 500 mg/L 以上时，必须就地回收处理，但现在已经很少使用这一工艺。

b. 印花废气。印花的固色工序采用烘干、汽蒸等方式，在此过程中由于高温高湿，会使有机物挥发，从而产生甲醛、苯、甲苯、二甲苯、苯胺、氨、氮氧化物等废气污染物。

④ 整理

a. 整理废水。整理工序的废水，除了含有纤维屑之外，还含有各种树脂、甲醛、油剂和浆料，废水量较小。

b. 整理废气

i）热定型机废气。织物进入后整理工序，一般通过热定型机进行整理。由于定型机的高温作用（180～210℃），部分定型温度甚至高达 280℃，使得吸附在织物表面的污染物受热大量挥发，造成严重的大气污染，主要为有机废气、粒状污染物（油烟和气溶胶）等。最后的成品包装、入库过程很少有废气释放。

印染定型机废气具有以下特点，分别是：1）排放温度高，一般为 100～155℃；2）废气含油颗粒物高，黏稠性强，且以冷凝性粒子为主；3）无机污染物（CO、CO_2、HCl 等）浓度低，部分可低于检出限；4）颗粒物粒径小，多数为不足 1 μm 的油烟颗粒物；5）有机污染成分复杂多变（醛、酮、杂环化合物等），浓度略偏低（涂层整理除外）。

ii）涂层废气。印染生产过程的废气主要产生于整理工艺中的涂层和层压整理原辅材料。

随着功能性面料（防水、抗菌、防紫外线等）的大量使用，涂层工艺在印染行业面料处理中被广泛应用。相较于一般传统的后整理浸轧，只处理织物表面，不透入织物内部，可节省化工原料；且主要采用轧光、涂布、烘燥等技术，可不用水洗，能节约大量用水；另外其对基布要求较低，在纤维上可以不受品种限制。目前，常见的家用涂层织物包括防水外套、消防员防护服、床垫套、阻燃装饰布、清洁桌布、窗帘衬里等；工业用涂层织物包括防水油布、救生衣、救生艇、飞机救生伞、气垫船密封裙缘、防护罩、遮阳篷、航行器油箱和柔性容器，汽车、客车和火车坐套等。常见的层压织物有衣领、腰带、贴边、车顶内衬、行李箱等。涂层与层压的主要区别在于前者是将液态的涂层剂涂抹到基布上，而后者是将预先制备好的薄膜贴合于基布上。

涂层整理过程中会使用大量的有机溶剂，特别溶剂型涂层对大气污染较为严重。表2-13列举了不同涂层方式及其工艺流程。图2-19列举了直接涂层的工艺流程与产污节点。

表2-13　涂层方式及其工艺流程

涂层方式	工艺流程
直接涂层：将涂层剂通过物理和机械方法直接均匀地涂布于织物表面而后使其成膜的方法，分为干法涂层和湿法涂层	干法：基布→浸轧防水剂→烘干→轧光→涂层→烘干→烘培→成品
	湿法：基布预处理→涂布溶剂型聚氨酯浆→水浴凝固（20～30℃）→水洗→轧光→成品
热熔涂层：将热塑性树脂加热熔融后涂布于基布，经冷却而黏着于基布表面的涂层工艺	基布→涂布→熔融树脂→冷却→轧光→成品
黏合涂层：是将树脂薄膜与涂有黏合剂的基布叠合，经压轧而使其黏合成一体，或将树脂薄膜与高温熔融辊接触，使树脂薄膜表面熔融而后于基布叠合，再通过压轧而黏合成一体，形成的涂层薄膜较厚	基布→涂布黏合剂→烘干→薄膜黏合→烘培→轧光→成品
转移涂层：先以涂层浆涂布于经有机硅处理过的转移纸，而后于基布叠合，在低张力下经烘干、轧平和冷却，然后使转移纸和涂层织物分离	转移纸→涂布涂层浆→基布黏合→烘干→轧光→冷却→织物与转移纸分离→成品

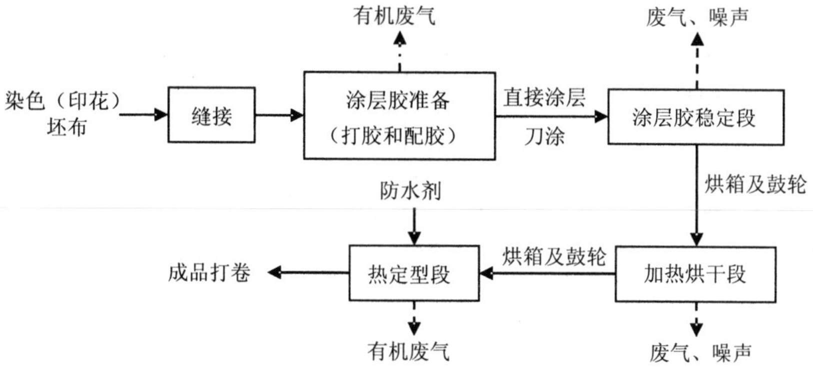

图 2-19 直接涂层的工艺流程与产污节点

涂层织物生产过程主要使用涂层剂（涂层整理剂或涂层胶）及其相关助剂和溶剂。按照使用的分散介质不同可分为溶剂型和水基型。其中，溶剂型涂层剂成膜性好、耐水压高、烘燥快、含固量低等特性，但需要大量有机溶剂，如 DMF、苯、甲苯等高环境危害、高毒性物质。水基型涂层剂虽耐水压低、烘燥慢、但无毒、不燃、使用安全、相对成本较低，且对环境污染小。另外，按照涂层剂化学结构分，主要有聚丙烯酸酯类（PA）、聚氨酯类（PU）、聚氯乙烯类（PVC）、有机硅类、硅酮弹性体类、合成橡胶类（如氯丁橡胶、丁腈橡胶等）、聚四氯乙烯、聚酯、聚酰胺、聚乙烯等。表 2-14 主要列举了常见的 4 类涂层剂的特点、成分、合成原辅料等。黏合剂可分为水性型、溶剂型和热溶性三种，其优缺点如表 2-15 所示。织物层压加工方法主要包括黏合剂层压法、焰熔层压法、热熔层压法三种。1）黏合剂层压法属于湿法加工，黏合剂要制成液体，利用涂敷、印刷、喷涂等方法实现织物与织物或织物与其他材料之间的层压。2）焰熔层压法是利用火焰加热把薄层聚氨酯泡沫塑料的表面熔化，生产黏性粒状含有异氰酸酯基团的物质。3）热熔层压法是通过加热加压把织物与织物或织物与其他材料黏合在一起。可分为两种不同形式：第一种使用黏合剂；第二种通过加热使基材黏合在一起。具体采用哪种方式取决于黏合剂的形式，包括薄膜、网、粉末或液体。目前，焰熔层压法由于聚氨酯燃烧产生具有潜在毒性的烟雾，在环保方面受到的压力越来越大。热熔型相对而言更清洁、消耗的能量更少，引发健康和安全问题更少，应用越来越广泛。

表 2-14 常见纺织品涂层材料

名称	优缺点	制备方法	合成原辅料	功效/应用
聚丙烯酸酯类（PA）	优点：形成涂层不易泛黄、耐老化、透明度高、耐洗性好、黏着力强、生产成本低； 缺点：耐水压低、耐寒性和手感差、弹性低、易褶皱	无皂乳液聚合法、乳液聚合法、复配法等	硬单体：（甲基）丙烯酸甲酯、苯乙烯、乙酸乙烯酯等； 软单体：丙烯酸乙酯、丙烯酸丁酯、丙烯酸 2-乙基己酯等； 其他助剂：（甲基）丙烯酸、（N-羟甲基）丙烯酰胺、丙烯腈、（甲基）丙烯酸羟乙（丙）酯等	防水透湿、阻燃、防风、遮阳、泡沫涂层等
聚氨酯类（PU）	优点：涂层弹性优异、手感柔软、强度高、耐磨、耐溶剂、耐低温、能形成多孔性薄膜、防水透湿性能好； 缺点：成本较高	共聚合法、预聚合—扩链法、复配法	柔性链段：聚醚或聚酯等多元醇组成，如聚己二酸乙二醇酯； 刚性链段：二异氰酸酯组成，常用如甲苯二异氰酸酯、二苯基甲烷二异氰酸酯、1,6-己烷基二异氰酸酯、异佛尔酮二异氰酸酯、苯二亚甲基二异氰酸酯、环己烷二亚甲基二异氰酸酯等	抗菌、阻燃、耐磨、防水透湿、耐洗性等
聚氯乙烯（PVC）	优点：价格低廉、阻燃性高、气密性强等； 缺点：使用助剂较多	复配法	PVC：PVC 糊树脂粉； 助剂：邻苯二辛酯、硬脂酸锌、硬脂酸钡、氯化石蜡、三氧化二锑、邻苯二甲酸二辛酯、硬脂酸钙	高防水、高阻燃、多色彩
有机硅类（聚硅氧烷类）	优点：强撕裂强度、透水汽性涂层、柔韧性和耐紫外线优异； 缺点：成膜黏结性差，需要与其他涂层剂联用	混配、改性	聚硅氧烷：甲基硅油、含氢硅油、功能性硅油、环硅氧烷（八甲基环四硅氧烷、六甲基环三硅氧烷）、烷氧基硅烷（3-甲基丙烯酰氧丙基三甲氧基硅烷）； 其他添加剂：亚硫酸、氢卤酸、氨基磺酸、聚乙烯、聚丙烯、SiO_2、异氰酸酯、丙烯酸类单体、二月桂酸二丁基锡等	应用于雨衣、雨伞、航海服、滑雪衫、防护服等

表 2-15 常见纺织品涂层类别

项目	水性型	溶剂型	热熔型
原料形态	水溶液或分散在水中	溶于溶剂	粉体、颗粒、凝胶、网状、薄膜
优点	使用安全、易清洁、易贮藏	通常黏附性好、快干、拒水性好、容易润湿	清洁、无须烘干、无烟雾、许多情况下可及时黏合、贮存方便
缺点	需要烘干水分、处理速度慢、通常含固量低、成膜耐洗性和耐湿性较差、不易湿润和铺展于材料表面	具有潜在环境危害、含有挥发性有机物、非环境友好性	初始生产成本高、需加热使黏合性活化、时效短，冷却后失去黏性，某些操作需要很高的技巧
成本	偏低	偏高	通常颗粒状与粉体成本相对较低；网状成本中等；薄膜与凝胶状成本高昂

根据美国国家环境保护局和我国目前纺织工业现状调查，纺织加工过程中涉及的大气污染物包括：甲醇、甲醛、乙酸乙烯酯、乙二醇醚、1,4-二氧杂环乙烷、乙二醇、1,2,4-三氯苯、甲苯、联苯、氨、苯乙烯、丙烯腈、丙烯酸乙酯、乙烯乙二醇、四氯乙烯、三乙胺、二甲苯、甲乙酮、二氯甲烷、甲基异丁基酮、氯乙烯、乙二醇乙醚、苯酚、乙酸乙酯、丙烯酸丁酯、丁二烯、丙酮、DMF、丁酮、苯胺，以及其他醇、酯、脂肪族碳氢化合物。表 2-16 列举了纺织工业潜在大气污染物的物化和毒理性质。

表 2-16　纺织工业潜在大气污染物的物化和毒理性质

编号	名称	CAS	沸点/℃	室温蒸气压/mm Hg	IARC	LD50/（mg/kg）	毒性级别
1	甲醛	50-00-0	97.0	52（37℃）	1	800（大鼠经口）	高毒
2	氯乙烯	75-01-4	−13.9	346.53（25℃）	1	500（大鼠经口）	中毒
3	1,3-丁二烯	106-99-0	−4.5	1 863（21℃）	1	5 480（大鼠口服）	中毒
4	苯	71-43-2	80.1	166（37.7℃）	1	3 306（大鼠经口）	中毒
5	四氯乙烯	127-18-4	121	13（20℃）	2A	3 005（大鼠经口）	中毒
6	乙酸乙烯酯	108-05-4	72～73	88（20℃）	2B	2 900（大鼠经口）	低毒
7	1,4-二氧杂环乙烷	123-91-1	101.3	27（20℃）	2B	7 120（大鼠经口）	微毒
8	苯乙烯	100-42-5	145～146	12.4（37.7℃）	2B	5 000（大鼠经口）	中毒
9	丙烯腈	107-13-1	77.3	86（20℃）	2B	78（大鼠口服）	高毒
10	丙烯酸乙酯	140-88-5	99.8	31（20℃）	2B	800（大鼠经口）	中毒
11	二氯甲烷	75-09-2	39.8～40	24.45 psi（55℃）	2B	1 600～2 000（大鼠经口）	中毒
12	甲基异丁基酮	108-10-1	117～118	15（20℃）	2B	2 080（大鼠经口）	中毒
13	甲苯	108-88-3	111	22（20℃）	3	5 500（大鼠经口）	中毒
14	二甲苯	1330-20-7	137～140	18（37.7℃）	3	4 300（大鼠经口）	中毒
15	苯酚	108-95-2	182	0.09psi（55℃）	3	317（大鼠经口）	高毒
16	丙烯酸丁酯	141-32-2	61～63	3.3（20℃）	3	900（大鼠经口）	中毒
17	二甲基甲酰胺（DMF）	68-12-2	153	2.7（20℃）	3	4 000（大鼠经口）	中毒
18	苯胺	62-53-3	184	0.7（25℃）	3	442（大鼠经口）	高毒
19	氯化氢	7647-01-0	57	613psi（21.1℃）	3	—	中毒
20	乙烯	74-85-1	−104	35.04atm（20℃）	3	—	低毒
21	甲醇	67-56-1	65.4	410（50℃）	—	5 628（大鼠经口）	低毒
22	乙二醇	107-21-1	196～198	0.08（20℃）	—	4 700（大鼠经口）	中毒
23	1,2,4-三氯苯	120-82-1	214	1（40℃）	—	756（大鼠口服）	高毒
24	联苯	92-52-4	255	9.46（115℃）	—	2 140（大鼠经口）	低毒

编号	名称	CAS	沸点/℃	室温蒸气压/mm Hg	IARC	LD50/（mg/kg）	毒性级别
25	氨	7664-41-7	–33.5	8.75 atm（21℃）	—	350（大鼠经口）	低毒
26	乙烯乙二醇	111-55-7	196～198	0.2（20℃）	—	6 860（大鼠经口）	低毒
27	三乙胺	121-44-8	90	51.75（20℃）	—	460（大鼠经口）	中毒
28	乙二醇乙醚	110-80-5	135	3.8（20℃）	—	3 460（大鼠经口）	中毒
29	乙酸乙酯	141-78-6	76.5～77.5	73（20℃）	—	5 620（大鼠经口）	中毒
30	丙酮	67-64-1	56	184（20℃）	—	5 800（大鼠经口）	中毒
31	丁酮	78-93-3	80	71（20℃）	—	3 400（大鼠经口）	中毒
32	1,2-二氯乙烯	540-59-0	48～60	5.32psi（20℃）	—	770（大鼠经口）	中毒
33	三氯乙烯	201-167-4	87	60（10℃）	—	2 402（大鼠经口）	中毒

2.3.6.3 污染控制可行技术

（1）废水处理技术

① 常规处理技术

印染废水的常规处理包括收集调节、预处理、物化处理、生化处理、污泥处理等。一般企业执行间接排放标准时常采用的物化和生化处理，具体工艺流程见图 2-20。

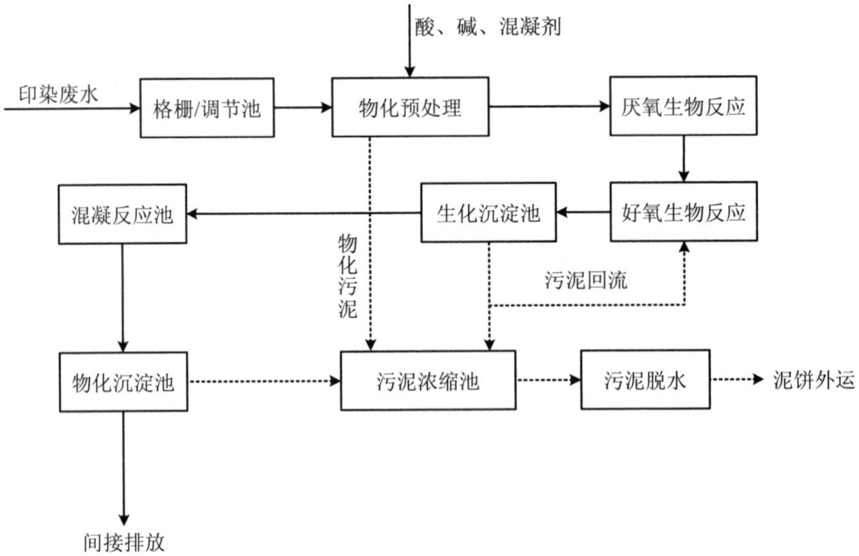

图 2-20 印染废水常规处理工艺流程图

② 深度处理技术

印染废水经常规处理后，为了达到直接排放标准，或者一定的回用水标准使污水作为水资源回用于生产或生活的进一步水处理过程称为深度处理，主要分为物理和化学方法。以下介绍几种常见的深度处理技术。

a. MBR 工艺。MBR（膜生物反应器）是高效膜分离技术和传统活性污泥法的结合，几乎能将所有的微生物截留在生物反应器中，从而取代传统意义上的二沉池。膜组件和生物反应器结合后，膜能将活性污泥完全截留在反应器内而不必考虑活性污泥的沉降性能，实现了 SRT 和 HRT 的分别控制，这样污泥在生物反应器内的浓度非常高，生化反应速率大大提高，使出水的有机污染物含量降到最低。由于膜的截留增加了世代时间较长的细菌，如硝化菌和亚硝化菌等的停留时间，因此 MBR 的脱氮除磷效果比传统活性污泥法更好。

b. 活性炭深度处理。由于活性炭具有发达的细孔结构、巨大的比表面积、优良的吸附性能以及活性炭吸附设备简单、操作方便、可再生等特点，被广泛应用于水的净化处理。活性炭在印染废水的深度净化方面的处理效果也是非常显著的，受到了人们的高度重视。目前，在印染废水的深度处理方面，活性炭已经成为保证出水水质的重要环节。

c. 臭氧氧化。臭氧对废水中的 COD、色度等有较强的氧化去除能力，同时臭氧也能够对废水中较为稳定的难降解有机物进行部分分解，从而大大提高了废水的可生化性，为提高废水后续的生物处理效率奠定基础。同时臭氧在水中短时间内可自行分解，也不会与废水中的部分有机物形成二次持续污染物，所以臭氧是一种理想的绿色氧化剂。由于臭氧操作简单，可利用空气就地制取，工程实施的可操作性大，因此，印染废水的臭氧深度处理已经成为众多印染企业接受度较大的废水高级氧化深度处理技术。

d. 曝气生物滤池（BAF）工艺。曝气生物滤池集生物氧化和截留悬浮固体于一体，与普通活性污泥法相比，具有占地面积小、节省了后续的沉淀池（二沉池），容积负荷及水力负荷大，水力停留时间短，所需基建投资少，不会产生污泥膨胀、出水水质好，氧传输效率高、运行能耗低、运行费用少的特点。曝气生物滤池工艺具有去除 SS、COD、BOD、硝化、脱氮、除磷、去除 AOX（可吸收有机卤化物）的作用。曝气生物滤池的应用范围较为广泛，在水深度处理、微污染源水处理、难降解有机物处理、低温污水的硝化、低温微污染水处理中都有很好的、甚至不可替代的功能。曝气生物滤池在印染废水深度处理的升级改造工程中有比较广泛的应用。

e. Fenton 氧化工艺。Fenton 法是一种深度氧化技术，即利用 Fe 和 H_2O_2 之间的链反应催化生成·OH 自由基，而·OH 自由基具有强氧化性，能氧化各种有毒和难降解的有机化合物，以达到去除污染物的目的，特别适用于生物难降解或一般化学氧化难以奏效的有机废水的氧化处理。Fenton 法处理的影响因素主要为 pH、H_2O_2 的投加量和铁盐的投加量。由于 Fenton 氧化对 pH 要求严格，过程控制困难，同时 pH 的调控导致费用投入加大，并且后续可能产生较多的污泥等，该方法在印染废水的深度处理中的推广应用曾经受到限制。然而，随着印染废水处理要求的日益提高，Fenton 工艺以其独一无二的强氧化能力、宽适用范围以及简便的设备设施，已经逐渐成为印染企业深度处理工艺中必然的选择。

f. 反渗透工艺。反渗透工艺是目前我国印染废水回用处理的主要工艺，为了获得高质量、高纯度的回用水应用于关键生产工艺环节，反渗透已经成为企业的必然选择。但是反渗透膜的投资价格、长期运行的稳定性、操作管理的复杂性、高昂的运行费用以及反渗透所产生的浓废水的处理等问题成为下一步需要攻克的关键技术问题。

（2）废气治理技术

①有组织排放废气

目前对印染定型机废气治理主要集中在对其废气中油烟和颗粒物的去除，以解决定型机废气的恶臭和透明度差的问题。常用的净化方法可归纳为机械净化、喷淋洗涤、静电除尘吸附、燃烧和生物处理 6 大类。

a. 机械净化：利用重力、过滤、吸附或吸收等方法，对定型机废气进行净化，其主要装置为旋风除尘器。鉴于旋风除尘器对粒径小于 5 μm 的颗粒物捕集效率较低，实际应用中一般只作废气预处理装置或一级除尘设备。过滤或吸附主要采用亲油性的高分子材料，通过截留、惯性碰撞、扩散等方式净化定型机油烟废气。初期净化效果较好，但吸附饱和时净化效果迅速下降，甚至完全消失。此外，由于定型机废气含油量大，黏附性强，易导致装置被油性物质堵塞，造成设备故障。

b. 喷淋洗涤：是目前应用最为广泛的废气处理设备，通过对烟气进行喷淋洗涤，气液直接接触，不但可有效地降低烟气的温度，使油烟颗粒冷凝聚集变大而易脱除；同时溶剂水也可吸收部分可溶性的气体，或通过掺入药剂提高疏水性物质的溶解度，进而提高废气处理效率。主要通过水泵增压和喷头作用，将液体雾化与油烟污染物碰撞接触，颗粒物被水雾捕获吸附截留在净化器内。该类设备运行可靠性高，能除去大部分粒径大于 2 μm 的油烟颗粒，净化后油烟浓度基本能满足现有排放标准的要求，运行成本介于机械净化和静电除尘之间。但对粒径小于 1 μm 的次微米颗粒物去除效率较低，不能解决定型机废气中刺激性气味有机蒸汽的问题。常用的喷淋洗涤装置有文丘里洗涤塔、涡流式洗涤塔、填料床洗涤器等。

c. 静电除尘：是利用颗粒物经过静电场后获得荷电，形成荷电颗粒物，在电场力的作用下，向集尘极移动而被捕获。其完成需要具备两个条件，一是有直流高压电源产生的不均匀强电场，二是废气中含有自由电子。根据极板是否使用水清洗，静电除尘技术分为干式和湿式两种。干式静电除尘在处理定型机废气时，电极已被油性物质黏附，造成极板结垢，导致放电效果差；另外，定型机废气的高温会使黏附在电极表面的油性物质着火，发生火灾甚至爆炸。同时，黏性颗粒物也增多了极板的清洗次数，浪费人力和物力。湿式静电除尘通过极板表面的保有水膜，难以使黏附性油脂积聚，且无颗粒物逸散现象，但需考虑洗涤废液处理。由于其去除效率高且操作压损小，附带有去除腐蚀性、毒性、少量臭味废气功能，其在定型机废气中的应用越来越广泛。

d. 吸附：吸附是指利用颗粒活性炭、活性炭纤维或分子筛等具有高比表面积物质的吸附作用，吸附去除废气中污染物的净化技术。吸附法适用于大风量、低湿度、各种浓度有机废气的净化处理。吸附技术结合高效脱附技术，可实现降低成本、回收资源等目的。活性炭对于某些污染物的吸附容量小，有些组分还会造成吸附剂中毒，系统运行管理要求相对较高。

e. 燃烧：可分为直接燃烧、催化燃烧和热力燃烧 3 大类。燃烧法适用于高浓度有机废气处理，其投资运行成本较高。而定型机废气热值较低，化学组分复杂，一般不采用燃烧法。涂层废气中有机溶剂含量高且回收难度大，可以采用燃烧法。

f. 生物处理：主要是针对废气中的 VOCs 进行去除的。生物法去除 VOCs 等气态污染物需经历 3 个步骤：i）废气中的 VOCs 首先同水接触并溶于水中（即由气相进入液相）；ii）溶解于水相中的 VOCs 在浓度差的推动下，扩散至介质周围的生物膜，进而被其中的微生物捕捉并吸收（即由液相进入生物相）；iii）进入微生物体内的 VOCs 在其自身的代谢过程中作为能源和碳源被完全矿化成 CO_2、H_2O 等无毒无害的小分子物质。生物法净化有机废气的速率主要取决于气相和液相中有机污染物的扩散速率及生化降解速率。

常规的生物反应器有生物滤池、生物滴滤池和生物洗涤。

②无组织排放废气

目前，纺织企业生产设备大多数是密闭设备，但操作过程为开放式操作，这种操作模式必然会产生一定量的无组织废气；对废气的收集还存在一定的不足，不能完全达到100%收集，形成了无组织废气。另外，印染过程中，助剂、染料、涂料等的运输、使用等过程难免发生泄漏，产生无组织废气。由于印染行业仍无法实现密闭式操作，对于该类企业产生的无组织废气，应采取下列措施：加强车间的通风状况，车间内配置废气收集装置，形成负压，将设备的无组织排放的废气收集后高空排放；在生产车间设置合理的卫生防护距离；加强厂区和厂界绿化工作等。

2.3.7 成衣水洗

2.3.7.1 生产工艺

（1）成衣水洗工艺

纺织品经过纺纱、印染、制衣多道工序的加工处理后一般都要经过成衣水洗处理，以达到去污、防缩、加柔、去毛或某些特殊的视觉效果，使成衣的综合性能更接近于常态，颜色更为自然。对于中国目前的成衣水洗行业，根据成衣水洗的目的，成衣水洗大致可以分为以下几种类型。

① 普洗

顾名思义，普洗即为普通的洗涤，就是日常生活中的洗涤机械化。普洗是一种简单的洗涤方法，即水温保持在 60～70℃，加入一定的洗涤剂，洗涤 15 min 左右，过清水加入柔软剂即可。普洗后的衣服在视觉上自然、干净，感觉上柔软舒适。通常根据洗涤时间的长短和化学药品的用量多少，普洗又可以分为轻普洗、普洗、重普洗。通常轻普洗为 5 min 左右，普洗为 15 min 左右，重普洗为 30 min 左右，这三种洗法没有明显的界线。

② 石磨洗

根据用户的要求，可以采用黄石、白石、人造石等多种石头进行洗涤。通过石洗，可以使衣服达到虽新如旧、干净自然的特殊效果。尤其是牛仔服装出现以来，石洗占有重要的地位。石磨可以采用一定大小的浮石，使浮石与衣服打磨，缸内的水位以衣服完全浸透的低水位进行，以使浮石能更好地与衣服接触摩擦。但近年来由于生物酶技术的发展，石洗逐渐被酶洗所代替。

③ 漂洗

一般在普洗过清水后，加温到 60℃，根据所需要的颜色深浅，加入相应的漂白剂，经过大约 10 min 后，将衣物与样板对色。衣物对板后，应在水中加入大苏打或小苏打进行中和，使漂白停止。根据使用的漂白剂，漂洗可分为氧漂和氯漂。漂白后的衣服有洁白、鲜艳的外观和柔软的手感。

④ 酵素洗

酵素洗又称酶洗，是一种先进的、环保的成衣水洗方法。酵素洗后的衣服柔软、舒服、手感好。根据试用的酵素种类和衣服的类型，酵素洗可分为去毛（多用于斜纹布）和类石磨效果洗（多用于牛仔布）。根据酵素的分量、洗涤时间和风格，酵素洗又可以分为重酵或轻酵。

（2）预处理工艺

一般牛仔服装成衣水洗前预处理分为在退浆以前进行的水前工艺、在退浆后酶洗前进行的水中工艺和在退浆酶洗后再进行的水后工艺。

（3）辅助加工工序

① 手擦

手擦是近一两年流行的牛仔服装成衣水洗方法，其操作是用毛巾沾上配制好的高锰酸钾溶液，根据要求在服装上进行手工擦拭，可以做出任意部位的花样，其处理效果自然、随意。

② 打砂与喷砂

打砂与喷砂是服装在充气模型上充分展开后，利用专用设备（滚通型牙刷），并根据要求在服装的指定部位进行打磨，使服装表面的染料部分去除。喷砂是通过强力压缩空气，使棕刚玉砂从储砂罐进入喷砂嘴，最终喷射到各种牛仔服装表面，可以喷射出多种多样的发白图案，目的是获得一种局部的磨损效果。

③ 喷马骝

通常在牛仔服装正常洗涤以后，用喷枪把高锰酸钾溶液按照设计要求喷射到衣物上，发生化学反应使布料褪色，用浓度和喷射量来控制褪色程度。喷完马骝水后再过水洗净，中和脱锰。喷马骝可以形成多种形状，如猫须、白条。喷马骝和喷砂前者为化学作用，后者为物理作用。前者褪色均匀，里层也有褪色，可以达到很强的褪色效果；后者只有在面料表层有褪色。

④ 猫须

猫须是利用特殊工艺在裤子弯曲部位形成类似猫须形状的图案。目前比较流行的有 3 种，一种是普通猫须，可用砂纸在牛仔服装上的相关部位磨出猫须形状，也可以通过喷马骝和猫须模具获得。

⑤ 磨损

利用磨刀石装置上转动的磨刀石把裤袋边、裤脚边等位置磨损，成衣水洗后出现烂边的效果。

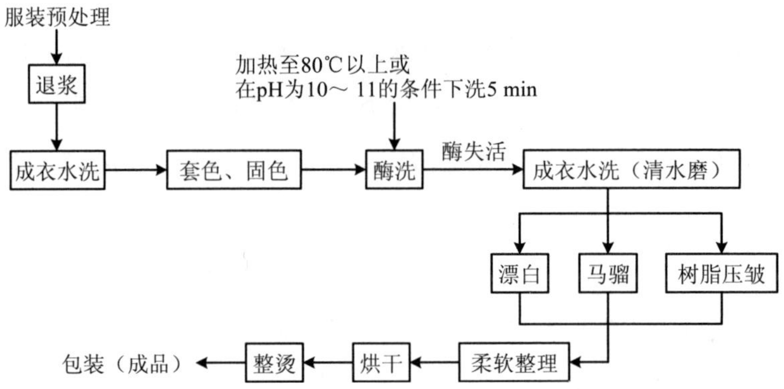

图 2-21 牛仔服成衣水洗的一般工艺流程图

2.3.7.2 主要产污环节

（1）废水

成衣水洗加工是在一定的设备内将服装与一定比例辅料一起翻动，依靠物理和化学作用使服装达到特定的内在和外在效果，从而获得柔软的新图案，成衣水洗流程及产物环节见图 2-22。其废水主要来自退浆、洗漂和脱水等工序。废水中主要污染物为浮石渣、短纤以及从牛仔服饰上洗下的染料、辅料和助剂等。与印染厂的废水相比，成衣水洗废水中含有大量悬浮物，有机污染物浓度和色度相对较低，废水中的水质和水量变化大，可生化性较好。

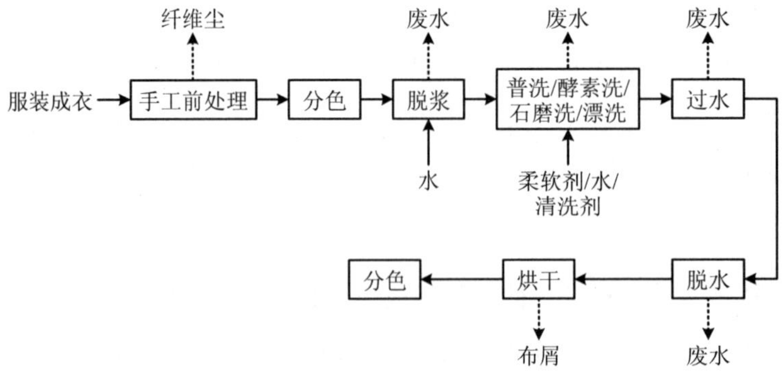

图 2-22 典型的成衣水洗流程及产污环节

牛仔布的浆料主要有淀粉浆、PVA 或 CMC（甲基纤维素），而牛仔布的染色过程中广泛使用的染料是靛蓝染料、硫化染料。在牛仔布成衣水洗工艺排放的废水中，含有少量的硫化染料和靛蓝染料，COD 为 300～500 mg/L。成衣水洗废水的特点与具体成衣水洗工艺有关，某些成衣水洗厂还设置一些浆染工序，会排出高浓度的浆染废水，浆染废水的 COD 往往可达 1 000 mg/L。

（2）废气

废气污染物主要有手工前处理工序产生的布屑粉尘、喷马骝过程产生的喷雾。

① 手工前处理布屑粉尘

在洗水前，部分产品需要进行前期的手工前处理，包括手擦、磨边、磨烂等处理方式，使牛仔服装产生泛白、褶皱、怀旧等效果。手工前处理工程会产生少量的布屑粉尘，由于布屑粉尘粒径较大，大部分沉降在附近地面，少量布屑粉尘在车间内排放，再通过车间通风系统以无组织的形式排放到厂界外。

② 喷马骝喷雾

喷马骝过程产生少量的喷雾，除含有少量高锰酸钾外无其他污染物，以无组织的形式排放。

2.3.7.3　污染控制可行技术

（1）废水

成衣水洗废水主要有退浆废水、退浆清洗废水、酵素洗废水、酵素洗清洗废水、漂洗废水、漂洗清洗废水、中和废水、清洗废水、脱水废水、柔软废水等，其综合排放废水中的主要污染物为 COD、NH_3-N、BOD_5、SS、色度、硫化物、TN 等。

生产废水的主要特点是水量大、色度深、成分复杂，可采用物化和生化处理工艺进行处理。污水处理可经过以下工艺流程：

① 一级处理

废水首先经过格栅井，格栅井内设置细格栅，去除废水中体积较大的悬浮物及其他杂质。废水自流入沉砂池，去除碎石等，出水进入集水池，内部设置曝气防止悬浮物沉淀。集水池出水通过提升泵提升至气浮设备，去除悬浮物和色度，出水自流入调节池进行水质、水量、pH 均衡调节。在调节池中设置推流器以起到搅拌作用。调节池出水提升至水解酸化池进行水解酸化处理。

② 二级处理

在这个阶段，利用水解酸化过程改变污水中大分子有机化合物的结构使之成为易降解的小分子有机化合物，为好氧处理提供有利条件。经水解酸化后的出水进入接触氧化池进行好氧处理。接触氧化池是利用好氧微生物分解废水中的有机物，使废水得到净化。接触氧化池可分解去除废水中绝大部分有机污染物并进一步去除色度，其出水中带有大量悬浮污泥和剥落的生物膜，需经过二沉池进行固液分离。二沉池污泥部分回流至水解酸化池和接触氧化池，二沉池出水进入混凝沉淀池，进一步去除悬浮物和色度，随后进入消毒池。消毒池功能为杀菌消毒，使出水达标排放。

沉砂池、气浮、二沉池及混凝沉淀池的污泥通过污泥泵抽入污泥浓缩池，通过重力浓缩后，用螺杆泵抽入带式压滤机进行压滤，泥饼定期外运处理。压滤后压滤液和污泥浓缩池上清液回流至格栅井。

③ 深度处理

通过高级氧化、膜分离等深度处理后，水质可以达到成衣水洗的水质回用要求。

（2）废气

① 打磨废气

打磨工序中对衣物进行打磨会产生颗粒物，因此打磨车间设置集气装置，将打磨产生的颗粒物通过集气装置收集后排放至车间外，车间外排风管道尽头设置布袋除尘，从打磨车间收集的废气经布袋除尘后达标排放至环境空气中。

② 喷马骝废气

喷马骝工序中使用高锰酸盐，部分落在地面或者墙上，其余被换气扇气流带走。需设置集气装置，废气通过布袋管道收集后进入中和池处理后无组织排放。

第 3 章　纺织行业排污许可技术规范的主要内容

3.1　总体框架

《排污许可证申请与核发技术规范　纺织印染工业》（HJ 861—2017）（以下简称《规范》）主要包括排污单位基本信息、许可事项和管理要求 3 个主要方面，规定了纺织印染工业排污许可证申请与核发的基本情况填报要求、许可排放限值确定、实际排放量核算和合规判定的方法，以及自行监测、环境管理台账与排污许可证执行报告等环境管理要求，提出了纺织印染工业污染防治可行技术要求。

对位于法律法规明确规定禁止建设区域内的、属于国家或地方已明确规定予以淘汰或取缔的纺织印染工业排污单位或者生产装置，核发机关应不予核发排污许可证。

3.2　适用范围

适用于指导纺织印染工业排污单位填报《关于印发〈排污许可证管理暂行规定〉的通知》（环水体〔2016〕186 号）中附件 2《排污许可证申请表》及在全国排污许可证管理信息平台申报系统填报相关申请信息，适用于指导核发机关审核确定纺织印染工业排污许可证许可要求。

适用于纺织印染工业排污单位排放的水污染物和大气污染物的排污许可管理，具体包括《国民经济行业分类》（GB/T 4754）中的棉纺织及印染精加工 171，毛纺织及染整精加工 172，麻纺织及染整精加工 173，丝绢纺织及印染精加工 174，化纤纺织及印染精加工 175，纺织服装、服饰业 18。在纺织印染工业排污单位中，对于执行《火电厂大气污染物排放标准》（GB 13223）的生产设施或排放口，适用《关于开展火电、造纸行业和京津冀试点城市高架源排污许可证管理工作的通知》（环水体〔2016〕189 号）中附件 1《火电行业排污许可证申请与核发技术规范》；对于执行《锅炉大气污染物排放标准》（GB 13271）的生产设施或排放口，参照本标准执行，待锅炉工业排污许可证申请与核发技术规范发布后从其规定。

标准中未作规定但排放工业废水、废气或者国家规定的有毒有害大气污染物的纺织印染工业排污单位其他产污设施和排放口，参照《排污许可证申请与核发技术规范 总则》（以下简称《总则》）执行。

3.3 排污单位申请填报的基本要求

3.3.1 排污单位基本情况

3.3.1.1 排污单位基本信息

（1）邮政编码：生产经营场所地址所在地邮政编码。

（2）是否投产：2015 年 1 月 1 日起，正在建设过程中或已建成但尚未投产的为未投产项目，已经建成投产并产生排污行为的为已投产项目。

（3）投产日期：指已投运的排污单位正式投产运行的时间，对于分期投运的排污单位，以先期投运时间为准。

（4）企业位置信息：即生产经营场所中心经度及纬度坐标，请点击“选择”按钮，在地图页面拾取坐标。

（5）环评批复文件：须列出所有环评批复文件文号或备案编号。

（6）若有地方政府认定的违规项目且经地方政府依法处理、整顿规范并符合要求的，须列出证明符合要求的相关文件名和文号。

（7）对于有主要污染物总量控制指标计划的排污单位，须列出相关文件文号（或其他能够证明排污单位污染物排放总量控制指标的文件和法律文书），并列出上一年主要污染物总量指标。关于水污染物总量文件，需在备注中注明是否为排入水体外环境的总量。

（8）废气废水污染物控制指标：无须填写默认指标（默认大气污染物控制指标为二氧化硫、氮氧化物、颗粒物和挥发性有机物 4 种，其中颗粒物包括可吸入颗粒物、烟尘和粉尘；默认水污染物控制指标为化学需氧量和氨氮）。以下 3 种情况需增加总量指标：

① 受纳水体环境质量超标且列入 GB 4287、GB 8978、GB 28936、GB 28937、GB 28938 中的其他污染物；② 总磷、总氮总量控制区域；③ 地方环境保护主管部门另有规定的其他污染物。

3.3.1.2 主要产品及产能

（1）主要工艺名称

指主要生产单元所采用的工艺名称。《规范》中所列的“必填项”必须填报。含强噪声源、产生固体废弃物的主要工艺必须自行填报。

（2）生产设施名称

指某生产单元中主要生产设施（设备）名称。《规范》中所列的“必填项”必须填报。根据上海市地方管理要求，产生强噪声、固体废弃物的生产设施必须自行填报。

（3）生产设施参数

设施（设备）的设计规格参数，包括参数名称、设计值、计量单位。与产排污系数相关的参数为必填项，例如：染色设施浴比（在其他选项内按 1∶X 填写）、容量等。

（4）产品名称

指相应工艺中主要产品名称。

（5）生产能力和计量单位

指相应工艺中主要产品设计产能。

3.3.1.3 主要原辅材料及燃料

（1）种类：指材料种类，选填“原料”或“辅料”。

（2）名称：指原料、辅料名称。若使用的原辅材料不在系统列明的选项中，需在其他选项中填报。

（3）有毒有害成分及占比：指有毒有害物质或元素，及其在原料或辅料中的成分占比，如含铬染料需注明铬元素含量，涤纶化纤原料需注明锑元素含量。

（4）若有表格中无法囊括的信息，可根据实际情况填写在“其他信息”一列中。

（5）燃料信息填写：对应的参数需填写完全。

（6）设计年使用量为与产能相匹配的原辅材料及燃料年使用量，计量单位均为 t/a 或 m^3/a。

（7）生产工艺流程图说明：

① 应至少包括主要生产设施（设备）、主要原辅燃料的流向、生产工艺流程等内容。

② 可上传文件格式应为图片格式。

（8）生产厂区总平面布置图说明：

① 应至少包括主体设施、公辅设施、污水处理设施等内容，同时注明厂区运输路线等。

② 可上传文件格式应为图片格式。

3.3.1.4 产排污节点、污染物及污染治理设施

（1）废气

① 所有信息需按《规范》中表 2 进行填报。

② 产污设施名称：指产生污染物的生产设施（设备）名称。

③ 对应产污环节名称：指生产设施对应的主要产污环节名称。

④ 污染物种类：指产生的主要污染物类型，以相应排放标准中确定的污染因子为准。

⑤ 排放形式：指有组织排放或无组织排放。

⑥ 污染治理设施名称：对于有组织废气，按《规范》中表 2 进行填报。

⑦ 有组织排放口编号请填写已有在线监测排放口编号或执法监测使用编号，若无相关编号，可按照《固定污染源（水、大气）编码规则（试行）》中的排放口编码规则编写。

⑧ 排放口设置是否符合要求：指排放口设置是否符合排污口规范化整治技术要求等相关文件的规定。

（2）废水

① 所有信息需按《规范》中表 1 进行填报。

② 废水类别：指产生废水的工艺、工序或废水类型的名称。

③ 污染物种类：指产生的主要污染物类型，以相应排放标准中确定的污染因子为准。

④ 排放去向：不外排；排至厂内综合污水处理站；直接进入海域；直接进入江河、湖、库等水环境；进入城市下水道（再入江河、湖、库）；进入城市下水道（再入沿海海域）；进入城市污水处理厂；直接进入污灌农田；进入地渗或蒸发地；进入其他单位；工业废水集中处理厂；其他（包括回喷、回填、回灌、回用等）。对于工艺、工序产生的废水，“不外排”指全部在工序内部循环使用，“排至厂内综合污水处理站”指工序废水经处理后排至综合处理站。对于综合污水处理站，“不外排”指全厂废水经处理后全部回用不排放。

⑤ 污染治理设施名称：指主要污水处理设施名称，如“××废水分质处理系统”“全厂综合污水处理站”“生活污水处理系统”等。

⑥ 排放口设置是否符合要求：指排放口设置是否符合排污口规范化整治技术要求等相关文件的规定。

3.3.2　许可事项填报

3.3.2.1　大气污染物排放信息—排放口

（1）排放口地理坐标：指排气筒所在地经纬度坐标，可通过点击“选择”按钮在 GIS 地图中点选后自动生成。具体操作可参照排污单位基本信息中生产经营场所中心经纬度的填写方式。

（2）排气筒出口内径：对于不规则形状排气筒，填写等效内径。

（3）若有本表格无法囊括的信息，可根据实际情况填写在“其他信息”一列中。

（4）国家或地方污染物排放标准指对应排放口须执行的国家或地方污染物排放标准的名称、编号及浓度限值。

（5）环境影响评价批复要求：新增污染源必填。

（6）承诺更加严格的排放限值。

3.3.2.2　大气污染物排放信息—有组织排放信息

（1）申请特殊排放浓度限值。

（2）申请特殊时段许可排放量限值：指地方政府制定的环境质量限期达标规划、重污染天气应对措施中对排污单位有更加严格的排放控制要求，无要求填“/”。

（3）默认的许可排放浓度和速率限值为排放标准中的限值。

（4）排放量限值先填 3 年，由总量指标和按本规范计算结果从严取值。

（5）2015 年 1 月 1 日（含）后取得环评批复的排污单位，均应结合环评批复从严取值。

3.3.2.3　大气污染物排放信息—无组织排放信息

（1）所有信息需按《规范》中表 2 进行填报。

（2）若有本表格中无法囊括的信息，可根据实际情况填写在“其他信息”一列中。

（3）全厂无组织排放总计为系统根据产污环节填写内容加和计算，可按照排污单位实际情况进行核对与修改。

3.3.2.4 大气排放总许可量

（1）纺织印染工业“全厂有组织排放总计”即为“有组织排放总计”“无组织排放”不许可总量。

（2）系统自动计算“全厂有组织排放总计”与“全厂无组织排放总计”之和，请根据排污单位全厂总量控制指标数据对“全厂合计”值进行核对与修改。

（3）全厂有组织排放总计、无组织排放总计、全厂合计均由系统自动计算。无许可量要求的默认为“/”。

3.3.2.5 水污染物排放信息—直接排放口

（1）排放口地理坐标：对于直接排放至地表水体的排放口，指废水排出厂界处经纬度坐标；

（2）纳入管控的车间或车间处理设施排放口：指废水排出车间或车间处理设施边界处经纬度坐标；可通过点击“选择”按钮在 GIS 地图中点选后自动生成。

（3）受纳自然水体名称：指受纳水体的名称，如上达河等。

（4）受纳自然水体功能目标：指对于直接排放至地表水体的排放口，其所处受纳水体功能类别，如III类、Ⅳ类、Ⅴ类等。

（5）汇入受纳自然水体处地理坐标：对于直接排放至地表水体的排放口，指废水汇入地表水体处经纬度坐标；可通过点击“选择”按钮在 GIS 地图中点选后自动生成。

（6）废水向海洋排放的，应当填写岸边排放或深海排放。深海排放的，还应说明排污口的深度、与岸线直线距离。在“其他信息”一列中填写。

（7）若有表格中无法囊括的信息，可根据实际情况填写在“其他信息”一列中。

3.3.2.6 水污染物排放信息—间接排放口

（1）排放口地理坐标：对于排至厂外城镇或工业污水集中处理设施的排放口，指废水排出厂界处经纬度坐标；可通过点击“选择”按钮在 GIS 地图中点选后自动生成。

（2）受纳污水处理厂名称：指厂外城镇或工业污水集中处理设施名称，如松江东部污水处理厂、白龙港污水处理厂等。

（3）点击受纳污水处理厂名称后的“增加”按钮，可设置污水处理厂排放的污染物种类及其浓度限值。

（4）废水污染物排放执行标准表

① 国家或地方污染物排放标准：指对应排放口须执行的国家或地方污染物排放标准的名称及浓度限值。

② 若有表格中无法囊括的信息，可根据实际情况填写在“其他信息”一列中。

3.3.2.7　水污染物排放信息—雨水排放口

（1）雨水排放口单独编号，填写企业内部编号，如无内部编号，则采用“YS+3 位流水号数字”（如 YS001）进行编号。

（2）填写雨水排放口地理位置，对于直接排放至地表水体的排放口，指废水排出厂界处经纬度坐标；可手工填写经纬度，也可通过排污许可证管理信息平台中的 GIS 系统点选后自动生成经纬度。

（3）受纳自然水体名称：指受纳水体的名称，如南沙河、太子河、温榆河等。

（4）受纳自然水体功能目标：指对于直接排放至地表水体的排放口，其所处受纳水体功能类别，如Ⅲ类、Ⅳ类、Ⅴ类等。

（5）汇入受纳自然水体处地理坐标：对于直接排放至地表水体的排放口，指废水汇入地表水体处的经纬度坐标；可通过排污许可证管理信息平台中的 GIS 系统点选后自动生成经纬度。

（6）废水向海洋排放的，应当填写岸边排放或深海排放。深海排放的，还应说明排污口的深度、与岸线直线距离。在备注中填写。

若企业设有入河排口，需填写入河排口信息表，包括排放口编号、名称，入河排口名称、编号、批复文号等信息。

3.3.2.8　水污染物排放信息—申请排放信息

（1）申请排放信息：包括主要排放口、一般排放口、设施或车间废水排放口、全厂排放口总计、申请年排放量限值计算过程（包括方法、公式、参数选取过程，以及计算结果的描述等内容。

（2）排入城镇集中污水处理设施的生活污水无须申请许可排放量。

3.3.2.9 固体废物污染物排放信息

企业提供工业固体废物的种类、产生量、流向、贮存、处置等有关资料，以及减少固体废物产生、促进综合利用的具体措施。

3.3.2.10 噪声排放信息

（1）噪声类别包括稳态噪声、频发噪声及偶发噪声。稳态噪声是指在测量时间内，被测声源的声级起伏不大于 3 dB 的噪声；频发噪声指频繁发生、发生的时间和间隔有一定规律、单次持续时间较短、强度较高的噪声，如排气噪声等；偶发噪声指偶然发生、发生的时间和间隔无规律、单次持续时间较短、强度较高的噪声，如短促鸣笛声、工程爆破噪声等。

（2）执行排放标准名称：指须执行的国家或地方噪声排放标准的名称及排放限值。

（3）“昼间”是指 6:00 至 22:00；“夜间”是指 22:00 至次日 6:00。若县级以上人民政府为环境噪声污染防治的需要（如考虑时差、作息习惯差异等）而对昼间、夜间的划分另有规定的，应按其规定执行。

（4）若有表格中无法囊括的信息，可根据实际情况填写在“其他信息”一列中。

3.3.3 管理要求填报

3.3.3.1 自行监测要求

（1）监测内容：指气量、水量、温度、含氧量等项目。

（2）手工监测采样方法及个数：指污染物采样方法，如对于废水污染物进行“混合采样（3 个、4 个或 5 个混合）”“瞬时采样（3 个、4 个或 5 个瞬时样）”；对于废气污染物进行“连续采样”“非连续采样（3 个或多个）”。

（3）手工监测频次：指一段时期内的监测次数要求，如 1 次/周、1 次/月等。

（4）手工测定方法：指污染物浓度测定方法，如测定化学需氧量的重铬酸钾法、测定氨氮的水杨酸分光光度法等。

（5）监测方法：参照《地表水和污水检测技术规范》（HJ/T 91）。

3.3.3.2　环境管理台账记录要求

（1）设施类别：包括生产设施和污染防治设施等。

（2）操作参数：包括基本信息、污染治理措施运行管理信息、监测记录信息、其他环境管理信息等。

① 基本信息：包括生产设施、治理设施名称、工艺等排污许可证规定的各项排污单位基本信息的实际情况及与污染物排放相关的主要运行参数；

② 污染治理措施运行管理信息：包括记录所有污染治理设施的规格参数、污染排放情况、停运时段、主要药剂添加情况等；

③ 监测记录信息：包括手工监测的记录和自动监测运维记录信息，以及与监测记录相关的生产和污染治理设施运行状况记录信息等。

（3）记录频次：指一段时期内环境管理台账记录的次数要求，如 1 次/h、1 次/d 等。

（4）记录形式：指环境管理台账记录的方式，包括电子台账、纸质台账等，需电子台账+纸质台账同时保存。

（5）保存期限：台账保存期限不得少于 3 年。

3.3.3.3　有核发权的地方生态环境主管部门增加的管理内容

有核发权的地方生态环境主管部门可根据当地环境质量改善需求，增加排污单位自行监测管理，提高排放限值要求和强化环境管理等。填写增加的相关管理内容。

3.4　排污许可申请的主要技术方法

3.4.1　许可浓度和排放量确定方法

3.4.1.1　一般原则

许可排放限值包括污染物许可排放浓度和许可排放量。

（1）许可排放浓度：根据国家或地方污染物排放标准确定，纺织印染工业排污单位承诺的排放浓度严于本标准要求的，应在排污许可证中载明。

（2）许可排放量：包括特殊时段许可排放量和年许可排放量。

① 特殊时段许可排放量：指地方政府制定的环境质量限期达标规划、重污染天气应对措施中对排污单位有更加严格的排放控制要求。

② 年许可排放量：指允许纺织印染工业排污单位连续 12 个月排放的污染物最大排放量。年许可排放量同时适用于考核自然年的实际排放量。有核发权的地方生态环境主管部门可根据环境管理规定细化许可排放量的核算周期。

依据总量控制指标及本标准规定的方法从严确定许可排放量，2015 年 1 月 1 日（含）后取得环境影响评价文件批复的纺织印染工业排污单位，许可排放量还应同时满足环境影响评价文件和批复要求。总量控制指标包括地方政府或生态环境主管部门发文确定的排污单位总量控制指标、环境影响评价文件批复时的总量控制指标、现有排污许可证中载明的总量控制指标、通过排污权有偿使用和交易确定的总量控制指标等地方政府或生态环境主管部门与排污许可证申领排污单位以一定形式确认的总量控制指标。

对于水污染物，按照排放口确定许可排放浓度、许可排放量。对于纺织印染工业排污单位生产废水排入城市污水处理厂、工业废水集中处理设施的情况，除核算排污单位许可排放量外，还需根据城市污水处理厂、工业废水集中处理设施执行的外排标准，核算排入外环境的排放量，并载入排污许可证中。单独排入城镇集中污水处理设施的生活污水排放口不设置许可排放浓度和排放量要求。

对于大气污染物，有组织排放源主要排放口应明确各污染物许可排放浓度和年许可排放量，一般排放口应明确各污染物许可排放浓度。无组织废气按照厂界确定许可排放浓度，不设置许可排放量要求。

纺织印染工业排污单位在填报申请的排污许可排放限值时，应在《排污许可证申请表》中写明许可排放限值的计算过程。

3.4.1.2　许可排放浓度

（1）废水

纺织印染工业排污单位水污染物许可排放浓度限值按照 GB 4287、GB 8978、GB 28936、GB 28937、GB 28938 确定，地方有更严格的排放标准要求的，按照地方排放标准从严确定。废水排入城镇污水处理厂或工业集中污水处理设施的排污单位，应按相应排放标准规定执行。

若纺织印染工业排污单位的产品同时适用不同排放控制要求或不同类别国家污染物排放标准，且不同产品产生的废水混合处理排放，应执行排放标准中规定的最严格的浓度限值。

（2）废气

纺织印染工业排污单位有组织废气处理设施大气污染物许可排放浓度限值按照 GB 14554、GB 16297 确定，设有自备锅炉的其锅炉排放口大气污染物许可排放浓度限值按照 GB 13271 确定，厂界废气无组织排放中的臭气浓度、硫化氢许可排放浓度按照 GB 14554 确定，颗粒物许可排放浓度按照 GB 13271、GB 16297 确定。地方有更严格排放标准要求的，按照地方排放标准从严确定许可排放浓度限值，如浙江省已颁布的《纺织染整工业大气污染物排放标准》（DB 33/962—2015），其相应规定严于国家现行标准，则应按其标准要求执行。

锅炉排放口主要指标包括颗粒物、二氧化硫、氮氧化物、烟气黑度（林格曼黑度，级），燃煤锅炉还应增加汞及其化合物，定型设备主要污染物项目为颗粒物、非甲烷总烃，具体详见《规范》中表 4。待纺织印染工业大气污染物排放标准发布后，从其规定。若地方标准有对其他污染物控制要求的，应予以增加。

若执行不同许可排放浓度的多台生产设施或排放口采用混合方式排放废气，且选择的监控位置只能监测混合废气中的大气污染物浓度，则应执行各限值要求中最严格的许可排放浓度。

大气污染防治重点控制区按照《关于执行大气污染物特别排放限值的公告》与《关于执行大气污染物特别排放限值有关问题的复函》等相关文件的要求执行。其他执行大气污染物特别排放限值的地域范围、时间，由国务院生态环境主管部门或省级人民政府规定。

3.4.1.3　许可排放量

（1）废水

纺织印染工业排污单位应明确外排化学需氧量、氨氮以及受纳水体环境质量超标且列入 GB 4287、GB 8978、GB 28936、GB 28937、GB 28938 中的其他污染物项目年许可排放量。单独排入城镇集中污水处理设施的生活污水不申请许可排放量。对位于《“十三五”生态环境保护规划》区域性、流域性的总磷、总氮总量控制区域内的排污单位，还应分别申请总磷及总氮年许可排放量。

① 单一产品

a. 喷水织造、成衣水洗单元单位产品的水污染物排放量限值和产品产能核定，计算公式如式（3-1）所示。

$$D_j = S \times P_j \times 10^{-3} \tag{3-1}$$

式中：D_j——排污单位废水第 j 项水污染物的年许可排放量，t/a；

S——排污单位产品产能，t/a 或百米布/a；

P_j——生产单位产品的水污染物排放量限值，kg/t 产品。喷水织造单元单位产品水污染物排放量限值，间接排放的排污单位按 0.30 kg 化学需氧量/百米布、0.006 0 kg 氨氮/百米布，直接排放的排污单位按 0.060 kg 化学需氧量/百米布、0.003 6 kg 氨氮/百米布；成衣水洗单元单位产品水污染物排放量限值，间接排放的排污单位按 20.00 kg 化学需氧量/t 产品、0.20 kg 氨氮/t 产品计，直接排放的排污单位按 2.00 kg 化学需氧量/t 产品、0.12 kg 氨氮/t 产品计。地方有更严格要求的，按照地方要求从严确定。

b. 其他生产单元排污单位水污染物许可排放量依据该产品产能、单位产品基准排水量和水污染物许可排放浓度限值核定，计算公式如式（3-2）所示。

$$D_j = S \times Q \times C_j \times 10^{-6} \tag{3-2}$$

式中：D_j——排污单位废水第 j 项水污染物年许可排放量，t/a；

S——排污单位产品产能，t/a，产能单位按 FZ/T 01002 进行折算；

Q——单位产品基准排水量，m^3/t 产品，排污单位执行 GB 28936、GB 28937、GB 28938 及 GB 4287 中的相关取值；地方有更严格排放标准要求的，按照地方排放标准从严确定；

C_j——排污单位废水第 j 项水污染物许可排放浓度限值，mg/L。

② 多种产品

纺织印染工业排污单位含有执行不同排放浓度或单位产品基准排水量的产品，年许可排放量的计算公式如式（3-3）所示。

$$D_j = C_j \times \sum_{i=1}^{n} (Q_i \times S_i \times 10^{-6}) \tag{3-3}$$

式中：D_j——排污单位废水第 j 项水污染物年许可排放量，t/a；

C_j——排污单位废水第 j 项水污染物许可排放浓度，mg/L；

n——排污单位产品种类数量；

Q_i——第 i 类产品基准排水量，m^3/t 产品；

S_i——第 i 类产品产能，t/a。

（2）废气

设有自备锅炉的纺织印染工业排污单位应明确主要排放口排放的废气中颗粒物、二氧化硫、氮氧化物的许可排放量。

① 年许可排放量

纺织印染工业排污单位主要排放口污染物年许可排放量根据基准排气量、许可排放浓度、锅炉设计燃料用量核定。主要排放口污染物年许可排放量计算公式如下：

$$E_{jk} = R_k \times Q_k \times C_{jk} \times 10^{-6} \tag{3-4}$$

$$E_{j,\text{主要排放口年许可}} = \sum_{k=1}^{m} E_{jk} \tag{3-5}$$

式中：E_{jk}——排污单位第 k 个锅炉排放口废气第 j 项大气污染物年许可排放量，t/a；

R_k——排污单位第 k 个锅炉排放口设计燃料用量（标态），燃煤或燃油时单位为 t/a，燃气时单位为 10^3 m^3/a；

Q_k——第 k 个锅炉排放口基准排气量（标态），燃煤时单位为 m^3/kg 燃煤，燃油时单位为 m^3/kg 燃油，燃气时单位为 m^3/m^3 燃气，按表 3-1 进行经验取值；地方有更严格排放标准要求的，按照地方排放标准从严确定；

C_{jk}——第 k 个锅炉排放口废气第 j 项大气污染物许可排放浓度限值，mg/m^3；

$E_{j,\text{主要排放口年许可}}$——主要排放口的大气污染物年许可排放量，t/a；

m——主要排放口数量。

表 3-1　锅炉废气基准烟气量取值表

产污环节名称		基准烟气量
燃煤锅炉/（m^3/kg 燃煤）	热值为 12.5 MJ/kg	6.2
	热值为 21 MJ/kg	9.9
	热值为 25 MJ/kg	11.6
燃油锅炉/（m^3/kg 燃油）	热值为 38 MJ/kg	12.2
	热值为 40 MJ/kg	12.8
	热值为 43 MJ/kg	13.8
燃气锅炉/（m^3/m^3 燃气）	燃用天然气	12.3

注：燃用其他热值燃料的，可按照《动力工程师手册》进行计算。

② 特殊时段许可排放量

特殊时段纺织印染工业排污单位日许可排放量按式（3-6）计算。地方制定的相关法规中对特殊时段许可排放量有明确规定的从其规定。国家和核发机关依法规定的其他特殊时段短期许可排放量应当在排污许可证中载明。

$$E_{日许可} = E_{前一年环统日均排放量} \times (1-\alpha) \tag{3-6}$$

式中：$E_{日许可}$——排污单位特殊时段日许可排放量，t；

$E_{前一年环统日均排放量}$——根据纺织印染工业排污单位前一年环境统计实际排放量折算的日均值，t；

α——特殊时段排放量削减比例，%。

3.4.2 实际排放量核算方法

3.4.2.1 一般原则

纺织印染工业排污单位实际排放量为正常情况与非正常情况实际排放量之和。

纺织印染工业排污单位应核算废气污染物主要排放口实际排放量和废水污染物实际排放量，不核算废气污染物一般排放口实际排放量和无组织实际排放量。核算方法包括实测法、物料衡算法、产污系数法。

对于排污许可证中载明应当采用自动监测的排放口和污染物，纺织印染工业排污单位根据符合监测规范的有效自动监测数据采用实测法核算实际排放量。

对于排污许可证中载明应当采用自动监测的排放口或污染物而未采用的，纺织印染工业排污单位应采用物料衡算法核算二氧化硫实际排放量，核算时根据原辅燃料消耗量、含硫率，按直接排放进行核算；采用产污系数法核算颗粒物、氮氧化物、化学需氧量、氨氮等污染物的实际排放量，根据产品产量和单位产品污染物产生量，按直接排放进行核算。

对于排污许可证未要求采用自动监测的排放口或污染物，纺织印染工业排污单位按照优先顺序依次选取自动监测数据、执法和手工监测数据、采用产污系数法或物料衡算法进行核算。在采用手工和执法监测数据进行核算时，排污单位还应用产污系数法或物料衡算法进行校核。监测数据应符合国家环境监测相关标准技术规范要求。

3.4.2.2　废水污染物实际排放量核算方法

废水污染源源强为正常情况下的源强，核算方法包括实测法、产污系数法，具体适用条件见表 3-2。

表 3-2　纺织印染工业废水源强核算方法及适用条件

序号	核算方法	适用的污染因子	适用条件
1	实测法	GB 4287、GB 28936、GB 28937、GB 28938 中的污染物	各类工艺，现有污染源，需要有自动或手工监测数据
2	产污系数法	产排污系数手册中涵盖的各类污染因子	各类工艺，现有污染源/新建污染源，需要查阅产排污系数手册

（1）实测法

实测法是通过实际废水流量及其所对应污染物的浓度核算污染物产生量和排放量的方法，适用于具有有效连续自动监测数据或有效手工监测数据的现有污染源。

① 采用连续在线监测数据核算

获得有效连续自动监测数据的，可以采用自动监测数据核算污染物排放量。污染源自动监测系统及数据需符合 HJ/T 353、HJ/T 354、HJ/T 355、HJ/T 356、HJ/T 373 等的要求。

某排放口某种污染物核算时段内排放量为企业正常排水期间各连续自动监测周期内污染物排放量之和，计算公式为式（3-7）：

$$D = \sum_{i=1}^{n} C_i \times Q_i \times 10^{-6} \quad (3\text{-}7)$$

式中：D——核算时段内某种污染物排放量，t；

n——核算时段内连续自动监测周期数；

C_i——废水中某种污染物第 i 次监测周期浓度值，mg/L；

Q_i——第 i 次监测周期废水排放量，m^3。

② 采用手工监测数据核算

未安装自动监测系统或无有效自动监测数据时，采用执法监测、排污单位自行监测等手工监测数据进行核算。监测频次、监测期间生产工况、数据有效性等须符合 HJ/T 91、HJ/T 92、HJ/T 373、HJ 630、排污许可证等的要求。除执法监测外，其他所有手工监测时段的生产负荷应不低于本次监测与上一次监测周期内的平均生产负荷（平均生产负荷即企业该时段内实际生产量/该时段内设计生产量），并给出生产负荷对比结果。

a. 核算时段污染物产生量

核算时段内废水中某种污染物产生量的计算公式为式（3-8）：

$$D_{产生} = \sum_{i=1}^{n}(\overline{C}_{d产生i} \times Q_{产生i} \times 10^{-6}) \tag{3-8}$$

式中：$D_{产生}$——核算时段内废水中某种污染物产生量，t；

n——核算时段内废水中某种污染物产生浓度监测对应时段数，量纲一；

$\overline{C}_{d产生i}$——第 i 次监测废水中某种污染物日产生浓度均值，mg/L，可以将当日所有监测产生浓度的平均值作为当日产生浓度均值；

$Q_{产生i}$——第 i 次监测对应时段内废水产生量，m^3，如无连续自动监测数据或其他连续有效的监测数据，采用企业新鲜水用量的85%进行核算。

b. 核算时段污染物排放量

核算时段内某排放口废水中某种污染物排放量计算公式为式（3-9）：

$$D_{排放} = \sum_{i=1}^{n}(\overline{C}_{d排放i} \times Q_{排放i} \times 10^{-6}) \tag{3-9}$$

式中：$D_{排放}$——核算时段内某排放口废水中某种污染物排放量，t；

n——核算时段内排水期间监测排放浓度对应时段数，量纲一；

$\overline{C}_{d排放i}$——第 i 次监测某排放口废水中某种污染物日排放浓度均值，mg/L，可以将当日所有监测排放浓度的平均值作为当日排放浓度均值；

$Q_{排放i}$——第 i 次监测对应时段内该排放口废水排放量，m^3，如无连续自动监测数据或其他连续有效的监测数据，采用企业新鲜水用量的85%进行核算。

注：根据 GB 4287，六价铬监控位置为车间或生产设施废水排放口。

（2）产污系数法

① 产污系数

纺织印染工业生产废水产污系数可参考《第二次全国污染源普查（工业源）产排污核算系数手册》，生活污水排放系数可参考 GB 50015。采用罕见、特殊印染工艺和原料的生产线或产污系数手册未涉及的处理方法，可咨询当地行业组织或专家、其他印染企业技术人员，选取近似的按产品、原料、工艺、规模分类的产污系数代替。

② 核算时段废水产生量

核算时段废水产生量计算公式为式（3-10）：

$$D_{废水}=c_{废水}\times Q \tag{3-10}$$

式中：$D_{废水}$——核算时段内废水产生量，t；

$c_{废水}$——单位产品工业废水产污系数，t/t 产品；

Q——核算时段内产品产量，t。

③ 核算时段污染物产生量

核算时段废水中某种污染物产生量计算公式为式（3-11）：

$$d_{污染物}=c_{污染物}\times Q\times 10^{-6} \tag{3-11}$$

式中：$d_{污染物}$——核算时段内废水中某种污染物产生量，t；

$c_{污染物}$——单位产品废水中某种污染物产污系数，g/t 产品；

Q——核算时段内产品产量，t。

④ 核算时段污染物排放量

核算时段废水中某种污染物排放量计算公式为式（3-12）：

$$D_{污染物}=d_{污染物}\times(1-\eta_{去除}\eta_{投运})(1-\eta_{回用}) \tag{3-12}$$

式中：$D_{污染物}$——核算时段内废水中某种污染物排放量，t；

$\eta_{去除}$——核算时段内污水处理设施对某种污染物的去除效率，%；

$\eta_{投运}$——核算时段内污水处理设施的投运率，%；

$\eta_{回用}$——核算时段内废水回用率，%。

3.4.2.3　废气污染物实际排放量核算方法

纺织印染工业排污单位废气污染物实际排放量核算方法包括实测法、物料衡算法、产污系数法。印染行业废气源强核算方法及适用条件见表 3-3。

表 3-3 印染行业废气源强核算方法及适用条件

序号	核算方法	适用的污染因子	适用条件
1	实测法	各类污染因子	各类工艺，现有污染源，需要有自动或手工监测数据
2	物料衡算法	二氧化硫	挥发性溶剂，现有污染源/新建污染源，需要收集挥发性溶剂的使用量
3	产污系数法	产排污系数手册中涵盖的各类污染因子	各类工艺，现有污染源/新建污染源，需要查阅产排污系数手册

（1）实测法

实测法是通过实际废气排放量及其所对应污染物浓度核算污染物排放量，适用于有连续在线监测数据或手工采样监测数据的现有污染源。

① 采用连续在线监测（CEMS）数据核算

获得有效连续在线监测数据的，可以采用连续监测数据核算污染物排放量。CEMS 获得的数据需符合 HJ/T 75、HJ/T 76、HJ/T 373、HJ/T 397、HJ 63 等的要求。

核算时段排放量为在一定的正常排放期间有效污染物正常小时排放量之和，具体计算公式为式（3-13）：

$$D=\sum_{i=1}^{j}(C_i\times Q_i\times 10^{-9}) \quad (3\text{-}13)$$

式中：D——某排放口某污染物时段排放量，t；

C_i——某排放口废气中某污染物第 i 小时排放浓度，mg/m^3；

Q_i——某排放口废气中第 i 小时烟气排放量，m^3；

j——排放小时数，量纲一。

② 采用手工采样监测数据核算

未安装连续监测系统或无有效连续监测数据时，采用执法监测、排污单位自行监测等手工监测数据进行核算。监测频次、监测期间生产工况、数据有效性等须符合 GB/T 16157、HJ/T 397、HJ/T 373、HJ 630、排污许可证等的要求。除执法监测外，其他所有手工监测时段的生产负荷应不低于本次监测与上一次监测周期内的平均生产负荷，并给出生产负荷对比结果。

某排放口废气中某种污染物核算时段排放量具体计算公式为式（3-14）：

$$D_d=\sum_{n=1}^{j}(\overline{C}_{ni}\times Q_n\times 10^{-9}) \quad (3\text{-}14)$$

式中：D_d——某排放口废气中某污染物的时段排放量，t；

$\overline{C}_{ni}$——某排放口废气中某污染物第 n 批次监测第 i 小时平均排放浓度，mg/m^3；

Q_n——某排放口废气中某污染物第 n 批次累积废气排放量，m^3；优先采用连续在线监测数据，如无在线监测数据或其他连续有效的监测数据，累积废气排放量采用设计最大量进行核算；如果没有累积废气排放量，则 $Q_n = Q_i \times H$，其中：Q_i——某排放口废气中某污染物第 n 批次监测第 i 小时废气排放量，m^3/h，H——某排放口废气中某污染物第 n 批次排放小时数，h；

j——时段内正常排放期间印染加工批次次数，量纲一。

（2）物料衡算法

根据质量守恒定律，用输入物料中的元素量减去输出物料中相应元素量进行平衡计算得到主要污染物产生量，纺织印染工业排污单位采用物料衡算法核算锅炉二氧化硫等排放量的，根据原辅料及燃料消耗量、含硫率、脱硫率进行核算。污染治理设施的脱硫率应采用实测法确定。具体计算公式为式（3-15）：

$$E_{二氧化硫} = 2B \times \left(1 - \frac{q}{100}\right) \times \frac{S_{tar}}{100} \times K \tag{3-15}$$

式中：$E_{二氧化硫}$——核算时段内某锅炉二氧化硫实际排放量，t；

B——核算时段内某锅炉燃料消耗量，t；

q——某锅炉未完全燃烧的热损失，%；

S_{tar}——燃料收到基全硫，%；

K——燃料中的硫燃烧后氧化成二氧化硫的份额，量纲一。

（3）产污系数法

纺织印染工业排污单位采用产污系数法核算锅炉主要排放口污染物排放量的，根据单位产品污染物的产生量、产品产量以及污染治理设施的处理效率进行核算。污染治理设施的处理效率应采用实测法确定。具体计算公式为式（3-16）。

$$E = S \times G \times 10^{-3} \tag{3-16}$$

式中：E——核算时段内某锅炉某项大气污染物的实际排放量，t；

S——核算时段内某锅炉实际燃料使用量，t 或 $10^4\ m^3$；

G——锅炉某项污染物的产污系数，kg/t 燃料或 $kg/10^4\ m^3$ 燃料。

（4）非正常情况下各污染物排放量核算方法

纺织印染工业排污单位锅炉在点火开炉、设备检修等非正常情况期间应保持自动监测设备同步运行，自动监测设备应记录非正常情况下实时监测数据，采用实测法核定，并计入实际排放量中。

3.4.3 污染防治可行技术应用

3.4.3.1 一般原则

《排污许可证申请与核发技术规范 纺织印染工业》中所列污染防治可行技术及运行管理要求可作为核发机关对排污许可证申请材料审核的参考。对于纺织印染工业排污单位采用标准所列可行技术的，原则上认为具备符合规定的防治污染设施或污染物处理能力。对于未采用标准所列可行技术的，排污单位应当在申请时提供相关证明材料（如提供应用案例的监测数据；对于国内外首次采用的污染治理技术，还应当提供中试数据等说明材料），证明可达到与污染防治可行技术相当的处理能力。

对不属于污染防治可行技术的污染治理技术，纺织印染工业排污单位应当加强自行监测、台账记录，评估达标可行性。待《纺织工业污染防治可行技术指南》发布后，从其规定。

3.4.3.2 废水

（1）可行技术

纺织印染工业排污单位废水处理方式分为分质综合处理和直接综合处理。分质综合处理是对要求车间或生产设施排放口达标排放的生产废水（如含铬废水），或者对具有资源回用价值的工艺废水（缫丝废水、洗毛废水、碱减量废水等）进行单独处理后，排入厂区综合废水处理设施进行混合处理的方式。直接综合处理是排污单位各工段生产废水直接排入厂区综合废水处理设施进行混合处理的方式。

印染综合废水主流的处理工艺为：经适当预处理后，采用以生物处理技术为主，物理化学处理技术为辅的综合处理技术。纺织印染工业排污单位综合污水处理设施分为一级、二级及深度处理。纺织印染工业废水污染防治可行技术具体内容见表 3-4，排污单位根据不同的废水类别和排放去向，可从表中选择相应的废水处理技术。

表 3-4　纺织印染工业废水污染防治可行技术参照表

<table>
<tr><th>类别</th><th colspan="2">废水类型</th><th>可行技术</th><th>备注</th></tr>
<tr><td rowspan="2">含铬废水</td><td colspan="2">感光制网废水</td><td rowspan="2">化学还原+絮凝沉淀法、电解还原法、离子交换法</td><td rowspan="2">含铬废水必须经过预处理满足限值要求后可排出车间或生产设施排放口</td></tr>
<tr><td colspan="2">含铬印染废水</td></tr>
<tr><td rowspan="4">可回用生产废水</td><td colspan="2">洗毛废水</td><td>离心分离、膜分离、混凝气浮</td><td rowspan="4">可回用生产废水可直接排入全厂综合废水处理设施</td></tr>
<tr><td colspan="2">缫丝废水</td><td>酸析法、冷冻法、膜分离</td></tr>
<tr><td colspan="2">退浆废水</td><td>膜分离、絮凝沉淀</td></tr>
<tr><td colspan="2">碱减量废水</td><td>酸析法、盐析法</td></tr>
<tr><td rowspan="7">全厂综合废水</td><td rowspan="4">工艺废水</td><td>喷水织机废水</td><td rowspan="7">一级处理：格栅、捞毛机、中和、混凝、气浮、沉淀；
二级处理：水解酸化、厌氧生物法、好氧生物法；
深度处理：曝气生物滤池、臭氧、Fenton 氧化、滤池、离子交换、树脂过滤、膜分离、人工湿地、活性炭吸附、蒸发结晶</td><td rowspan="7">喷水织机废水经一级+二级处理可达到直接排放标准，其余类型的废水执行间接排放标准的需经一级+二级处理；执行直接排放标准的需经一级+二级+深度处理。每级处理工艺中技术至少选择一种</td></tr>
<tr><td>成衣水洗废水</td></tr>
<tr><td>麻脱胶废水</td></tr>
<tr><td>印染废水</td></tr>
<tr><td colspan="2">初期雨水</td></tr>
<tr><td colspan="2">生活污水</td></tr>
<tr><td colspan="2">循环冷却水排污水</td></tr>
</table>

（2）运行管理要求

纺织印染工业排污单位应当按照相关法律法规、标准和技术规范等的要求运行水污染防治设施并进行维护和管理，保证设施运行正常，处理、排放水污染物符合相关国家或地方污染物排放标准的规定。

纺织印染工业排污单位根据产污环节合理确定废水处理工艺及设施参数，应符合 HJ 471 相关要求。

废水中含有棉毛短绒、纤维较多时应采用具有清洗功能的滤网设备，含细砂和短纤维的成衣水洗废水应设置除砂及过滤设备。

采用化学脱色处理废水时，宜首选不含氯脱色剂。

废水处理中产生的栅渣、污泥等做好收集处理处置，防止二次污染。

根据工艺要求，定期对构筑物、设备、电气及自控仪表进行检查维护，确保处理设施稳定运行。

纺织印染工业排污单位应进行雨污分流，重视生产节水管理，加强各类废水的处理与回用，实施低排水印染工艺改造。根据用水水质要求实现废水梯级利用，尽量减少污水排放量。厂区内废水管线和处理设施做好防渗，防止有毒有害污染物渗入地下水体。

根据废水处理设施生产及周围环境实际情况，考虑各种可能的突发性事故，做好应急预案，配备人力、设备、通信等资源，预留应急处置的条件。未经当地生态环境主管部门批准，废水处理设施不得停止运行。由于紧急事故造成设施停止运行时，应立即报告当地生态环境主管部门。

3.4.3.3 废气

（1）可行技术

纺织印染工业排污单位废气处理可行技术具体详见表 3-5。

纺织印染排污单位可根据自身的实际情况，针对不同的废气产污环节从表 3-5 中选择废气处理可行技术。当实际使用的废气处理技术不是表中所列技术时，企业需提供该技术的中试数据、实际监测数据作为证明材料。

表 3-5 纺织印染工业排污单位废气处理可行技术

废气产污环节名称	污染物种类	标准名称及限值/（mg/m^3）				可行技术	
		执行标准	现有排污单位大气污染物排放浓度限值	新建排污单位大气污染物排放浓度限值	大气污染物特别排放限值	一般地区排污单位	重点地区排污单位
印花设施	甲苯	GB 16297	60	40	/	喷淋吸收、吸附、吸附—脱附冷凝回收、吸附—脱附催化燃烧	
	二甲苯	GB 16297	90	70	/		
	非甲烷总烃	GB 16297	150	120	/		
定型设施	颗粒物	GB 16297	150	120	/	喷淋—静电	
	非甲烷总烃	GB 16297	150	120	/	喷淋吸收、吸附	
涂层设施	甲苯	GB 16297	60	40	/	喷淋吸收、吸附—脱附冷凝回收、吸附—脱附催化燃烧、蓄热式燃烧（RTO）、蓄热式催化燃烧（RCO）	
	二甲苯	GB 16297	90	70	/		
	非甲烷总烃	GB 16297	150	120	/		

废气产污环节名称	污染物种类	标准名称及限值/（mg/m³）				可行技术	
		执行标准	现有排污单位大气污染物排放浓度限值	新建排污单位大气污染物排放浓度限值	大气污染物特别排放限值	一般地区排污单位	重点地区排污单位
锅炉	颗粒物	GB 13271	80/60/30	50/30/20	30/30/20	电除尘、袋式除尘、电袋复合除尘	四电场以上电除尘、袋式除尘、电袋复合除尘、湿式电除尘
	二氧化硫		400（550）/300/100	300/200/50	200/100/50	石灰石/石灰—石膏等湿法脱硫、喷雾干燥法脱硫、循环流化床法脱硫	
	氮氧化物		400	300/250/200	200/200/150	非选择性催化还原脱硝（SNCR）、选择性催化还原脱硝（SCR）、低氮燃烧+SNCR、低氮燃烧+SCR、脱硫脱硝一体化	非选择性催化还原脱硝（SNCR）、选择性催化还原脱硝（SCR）、低氮燃烧+SNCR、低氮燃烧+SCR、脱硫脱硝一体化
	汞及其化合物		0.05	0.05	0.05	高效除尘脱硫脱硝综合脱除汞的效率为 70%	

注：锅炉烟气的排放浓度限值为燃煤/燃油/燃气，括号内为广西、四川、重庆、贵州燃煤锅炉执行限值。

① 印花设施

印花设施的废气主要产生于印花烘干过程，其中《规范》只对蒸化、高温焙烘、静电植绒、数码印花、转移印花等工段产生的废气要求进行处理，这些工段一般会产生 VOCs 废气，其中静电植绒会产生较多的颗粒物。

② 定型设施

定型设施的废气主要产生于定型烘干过程，主要采用喷淋—静电去除含油烟、VOCs 的定型废气。浙江省地方标准《纺织染整工业大气污染物排放标准》（DB 33/962—2015）对颗粒物、臭气浓度排放要求较高，需进一步强化定型设施的处理效果。

③ 涂层设施

涂层过程使用大量的有机溶剂，废气主要产生于涂覆、烘干过程，根据有机溶剂的水溶性采用不同的废气处理技术，其中喷淋吸收对非水溶性 VOCs 废气的处理效果较差。

④ 锅炉

锅炉燃烧排放颗粒物、二氧化硫、氮氧化物、汞及其化合物，针对不同污染物采用不同的处理技术，部分技术对污染物去除具有协同处理效果。

（2）运行管理要求

① 有组织排放控制运行管理要求

针对表 3-5 所列的废气产污环节，纺织印染工业排污单位必须设立局部或整体气体收集系统和净化处理装置，达标排放。

印花、定型和涂层设施的涂覆工序应设立局部气体收集系统，其余废气产污工序全部设立整体气体收集系统，收集废气后采用净化处理装置处理。

喷淋吸收装置主要用于水溶性 VOCs 废气的处理。应根据操作规程，定期排放更换吸收液，及时添加自来水和药剂，确保吸收效果。

吸附装置主要用于非水溶性 VOCs 废气的处理。应定期更换吸附材料，如吸附装置带再生设施，应设置合理的再生周期，确保吸附材料的吸附效能。脱附后采用催化燃烧装置，则应定期更换催化剂，确保催化燃烧效能。

静电除尘装置主要用于锅炉烟气的除尘和定型机废气的除油烟。应定期检修维护极板、极丝、振打清灰装置；处理定型机废气时还应定期清洗电极，清理废油。

RTO、RCO 装置主要用于涂层 VOCs 废气的处理。应定期检查燃烧器、蓄热体、切换阀等组件，确保系统安全、稳定运行。RCO 装置还应定期更换催化剂，确保足够的催化燃烧效能。

布袋除尘器主要用于锅炉废气的除尘。应定期更换滤袋，确保完整无破损。

② 无组织排放控制运行管理要求

纺织印染工业排污单位无组织废气的收集与处理应符合 GB 50477 的要求。

纺织印染工业排污单位的颗粒物无组织废气产生点主要来源于煤炭的储存转移、纤维的加工等过程，应配备有效的废气捕集装置，如局部密闭罩、整体密闭罩、大容积密闭罩、车间密闭等，并配备滤尘设施。

挥发性有机溶剂、恶臭等无组织废气产生点主要来源于打棉、沤麻、原麻浸渍、浆料池、调浆、醋酸储存调节等设施，纺织印染工业排污单位应采取密闭措施以减少废气散发。印花、印染和涂层过程中使用的有机溶剂，在储存和装卸单元应配置气相平衡管避免大呼吸废气，或将大小呼吸废气均接入废气处理设施。异味明显的废水处理单元，如调节池、厌氧池、脱水设施等应加盖或密闭，并配备废气收集处理设施。

露天储煤场、粉状物料储运系统会产生粉尘，纺织印染工业排污单位应配备防风抑尘网、喷淋、洒水、苫盖等抑尘措施，且防风抑尘网不得有明显破损。煤粉、石灰石粉等粉状物料须采用筒仓等封闭式料库存储，其他易起尘物料应遮盖。

环境影响评价文件或地方相关规定中有针对原辅料、生产过程、燃料等其他污染防治强制要求的，还应根据环境影响评价文件或地方相关规定，明确其他需要落实的污染防治要求。

3.4.4　自行监测方案的编写

自行监测方案中应明确纺织印染工业排污单位的基本情况、监测点位及示意图、监测污染物项目、执行标准及其限值、监测频次、采样和样品保存方法、监测分析方法和仪器、质量保证与质量控制、自行监测信息公开等。其中监测频次为监测周期内至少获取 1 次有效监测数据。

对于未采用自动监测的污染物项目，排污单位应当填报开展手工监测的污染物排放口、监测点位、监测方法、监测频次等。对于采用自动监测的排污单位应当如实填报采用自动监测的污染物项目、自动监测系统联网情况、自动监测系统的运行维护情况等；同时，应注明手工监测的相关信息，并备注自动监测设施故障期间的手工监测要求，即“每天不少于 4 次，间隔不得超过 6 h。”

3.4.4.1　废水排放监测

（1）监测点位

所有纺织印染工业排污单位均须在废水总排放口设置监测点位。

使用含铬染料及助剂进行染色的纺织印染工业排污单位，须在染色车间或生产设施废水排放口设置监测点位。

有印花工序且印花工序使用感光制网工艺的纺织印染工业排污单位，须在印花车间或生产设施废水排放口设置监测点位。

所有纺织印染工业废水集中处理设施均须在总排放口设置监测点位。

（2）监测指标及监测频次

印染行业排污单位废水排放监测点位、监测指标及最低监测频次按照表 3-6 执行。

表 3-6 印染行业排污单位废水排放监测点位、监测指标及最低监测频次表

监测点位	监测指标	监测频次	
		直接排放	间接排放
废水总排放口	流量、pH、化学需氧量、氨氮	自动监测	
	悬浮物、色度	日	周
	五日生化需氧量、总氮①、总磷①	周	月
	苯胺类、硫化物	月	季度
	二氧化氯②、可吸附有机卤素（AOX）②	季度	半年
	总锑③	季度	
车间或生产设施废水排放口	六价铬④	月	
雨水排放口	化学需氧量、悬浮物	日⑤	

注：1. 表中所列监测指标，设区的市级及以上生态环境主管部门明确要求安装自动监测设备的，须采取自动监测。
2. ①总氮、总磷实施总量控制区域，总氮、总磷最低监测频次按日执行；
②适用于含氯漂工艺的排污单位。监测结果超标的，应增加监测频次；
③适用于以含涤纶为原料的排污单位。水环境质量中总锑超标的流域或沿海地区，总锑最低监测频次按月执行；
④适用于使用含铬染料及助剂、有感光制网工艺进行印染加工的排污单位；
⑤排放期间按日监测。

毛纺、麻纺、缫丝、织造、成衣水洗行业排污单位废水排放监测点位、监测指标及最低监测频次按照表 3-7 执行。

表 3-7 毛纺、麻纺、缫丝、织造、成衣水洗行业排污单位废水排放监测点位、监测指标及最低监测频次表

监测点位	监测指标	监测频次	
		直接排放	间接排放
废水总排放口	流量、pH、化学需氧量、氨氮	自动监测	
	悬浮物、色度①	日	周
	五日生化需氧量	周	月
	总氮②、总磷②、动植物油③	月	季度
	可吸附有机卤素（AOX）④	半年	年
雨水排放口	化学需氧量、悬浮物	日⑤	

注：1. 表中所列监测指标，设区的市级及以上生态环境主管部门明确要求，安装自动监测设备的须采取自动监测。
2. ①适用于麻纺、成衣水洗排污单位；
②总氮、总磷实施总量控制区域，总氮、总磷最低监测频次按日执行；
③适用于毛纺、缫丝排污单位；
④适用于麻纺排污单位，监测结果超标的应增加监测频次；
⑤排放期间按日监测。

纺织印染工业废水集中处理设施废水排放监测点位、监测指标及最低监测频次按照表 3-8 执行。

表 3-8　纺织印染工业废水集中处理设施废水排放监测点位、监测指标及最低监测频次表

监测点位	监测指标	监测频次
纺织印染工业废水集中处理设施总排放口	流量、pH、化学需氧量、氨氮	自动监测
	悬浮物、色度、总磷①、总氮①	日
	五日生化需氧量	周
	总氮②、二氧化氯③、可吸附有机卤素（AOX）③、硫化物③、苯胺类③、六价铬③、动植物油③	月

注：1. 表中所列监测指标，设区的市级及以上生态环境主管部门明确要求安装自动监测设备的，须采取自动监测。
2. ①总氮、总磷实施总量控制区域，总氮、总磷最低监测频次按日执行；
②水环境质量中总锑超标的流域或沿海地区，总锑按周执行；
③根据接收废水排放排污单位情况确定具体监测指标。

3.4.4.2　废气排放监测

（1）有组织废气排放监测点位、监测指标与监测频次

纺织印染工业排污单位有组织废气排放监测点位、监测指标及最低监测频次按照表 3-9 执行。

表 3-9　纺织印染工业排污单位有组织废气排放监测点位、监测指标及最低监测频次表

污染源	监测点位	监测指标	监测频次
印花设施	印花设施排气筒或车间废气处理设施排放口	非甲烷总烃	季度
		甲苯、二甲苯	半年
定型设施	定型设施排气筒或车间废气处理设施排放口	颗粒物	半年
		非甲烷总烃	季度
涂层设施	涂层设施排气筒或车间废气处理设施排放口	非甲烷总烃	季度
		甲苯、二甲苯	半年

注：1. 排气筒废气监测要同步监测烟气参数。
2. 监测结果超标的，应增加相应指标的监测频次。
3. 根据环境影响评价文件及其批复，以及原料、工艺等确定是否监测其他有机废气污染物。
4. 印花设施指蒸化、静电植绒、数码印花、转移印花等产生废气重点工段的设施。

若纺织印染工业排污单位有其他有组织废气排放源，应根据污染物排放状况，参照 HJ 819 确定监测指标和监测频次等内容。

（2）无组织废气排放监测点位、监测指标与监测频次

纺织印染工业排污单位无组织废气排放监测点位、监测指标及最低监测频次按照表3-10执行。

表 3-10 纺织印染工业排污单位无组织废气排放监测点位、监测指标及最低监测频次表

排污单位	监测点位	监测指标	监测频次
印染工业排污单位	厂界	颗粒物、臭气浓度①、氨②、硫化氢②、非甲烷总烃	半年
毛纺、麻纺、缫丝行业排污单位	厂界	颗粒物、臭气浓度①、氨②、硫化氢②	半年
织造、成衣水洗行业排污单位	厂界	颗粒物、臭气浓度②、氨②、硫化氢②	半年

注：1. 若周边有敏感点，应适当增加监测频次。
2. ①根据环境影响评价文件及其批复，以及原料、工艺等确定是否监测其他臭气污染物；
②含有废水处理设施的排污单位监测该污染物项目。

纺织印染工业废水集中处理设施无组织废气排放监测点位、监测指标及最低监测频次按照表3-11执行。

表 3-11 纺织印染工业废水集中处理设施无组织废气排放监测点位、监测指标及最低监测频次表

单位	监测点位	监测指标	监测频次
纺织印染工业废水集中处理设施	厂界	臭气浓度①、氨、硫化氢	季度

注：1. 若周边有敏感点，应适当增加监测频次。
2. ①根据环境影响评价文件及其批复，以及原料、工艺等确定是否监测其他臭气污染物。

3.4.5 合规性判定方法

3.4.5.1 一般原则

合规是指纺织印染工业排污单位许可事项和环境管理要求符合排污许可证规定。许可事项合规是指排污单位排污口位置和数量、排放方式、排放去向、排放污染物种类、排放限值符合许可证规定，其中，排放限值合规是指排污单位污染物实际排放浓度和排放量满足许可排放限值要求；环境管理要求合规是指排污单位按许可证规定落实自行监测、台账记录、执行报告、信息公开等环境管理要求。

纺织印染工业排污单位可通过环境管理台账记录、按时上报执行报告和开展自行监测、信息公开，自证其依证排污，满足排污许可证要求。生态环境主管部门可依据排污

单位环境管理台账、执行报告、自行监测记录中的内容，判断其污染物排放浓度和排放量是否满足许可排放限值要求，也可通过执法监测判断其污染物排放浓度是否满足许可排放限值要求。

3.4.5.2　排放限值合规判定

（1）废水排放浓度合规判定

纺织印染工业排污单位各废水排放口污染物的排放浓度达标是指任一有效日均值（除 pH、色度外）均满足许可排放浓度要求。废水污染物有效日均值采用执法监测、排污单位自行开展的自动监测和手工监测 3 种方法确定。

① 执法监测

按照监测规范要求获取的执法监测数据超过许可排放浓度限值的，即视为超标。根据 HJ/T 91 确定监测要求。

② 纺织印染工业排污单位自动监测

按照监测规范要求获取的自动监测数据计算得到有效日均浓度值（除 pH 与色度外）与许可排放浓度限值进行对比，超过许可排放浓度限值的，即视为超标。对于应当采用自动监测而未采用的排放口或污染物，即视为不合规。

对于自动监测，有效日均浓度是对应于以每日为一个监测周期内获得的某个污染物的多个有效监测数据的平均值。在同时监测废水排放流量的情况下，有效日均值是以流量为权的某个污染物的有效监测数据的加权平均值；在未监测废水排放流量的情况下，有效日均值是某个污染物的有效监测数据的算术平均值。

自动监测的排放浓度应根据 HJ/T 355、HJ/T 356 等相关文件确定。

③纺织印染工业排污单位手工监测

按照自行监测方案、监测规范要求开展的手工监测，当日各次监测数据平均值（或当日混合样监测数据）超过许可排放浓度限值的，即视为超标。

若同一时段的管理部门执法监测与纺织印染工业排污单位自行监测数据不一致，以该执法监测数据作为优先证据使用。

（2）废气排放浓度合规判定

① 正常情况

纺织印染工业排污单位厂界无组织排放的臭气浓度最大值达标是指“任一次测定均值满足许可限值要求”。除此之外，其余废气有组织排放口污染物或厂界无组织污染物排放浓度达标均是指“任一小时浓度均值均满足许可排放浓度要求”。废气污染物小时浓度均值根据执法监测、排污单位自行监测（包括自动监测和手工监测）进行确定。

a. 执法监测

按照监测规范要求获取的执法监测数据超过许可排放浓度限值的，即视为超标。根据 GB/T 16157、HJ/T 55、HJ/T 397 确定监测要求。

b. 纺织印染工业排污单位自行监测

i）自动监测

按照监测规范要求获取的有效自动监测数据小时浓度均值与许可排放浓度限值进行对比，超过许可排放浓度限值的，即视为超标。对于应当采用自动监测而未采用的排放口或污染物，即视为不合规。自动监测小时均值是指“整点 1 h 内不少于 45 min 的有效数据的算术平均值”。

ii）手工监测

对于未要求采用自动监测的排放口或污染物，应进行手工监测，按照自行监测方案、监测规范要求获取的监测数据计算得到的有效小时浓度均值超过许可排放浓度限值的，即视为超标。

根据 GB/T 16157 与 HJ/T 397 的要求，小时浓度均值指“1 h 内等时间间隔采样 3～4 个样品监测结果的算术平均值”。

若同一时段的管理部门执法监测与纺织印染工业排污单位自行监测数据不一致，以管理部门执法监测数据为准。

iii）无组织排放合规判定

纺织印染工业排污单位无组织排放合规是指同时满足以下两个条件：无组织控制措施符合“3.4.3.3（2）②”中的要求；厂界监测浓度均满足许可排放浓度要求。

② 非正常情况

纺织印染工业排污单位非正常排放指主要产污环节生产设施启停机、工艺设备运转异常情况下的排放，非正常排放不作为废气达标判定依据。其中，印花设施、定型设施、涂层设施的风机启动和停机时间不超过 1 h；燃煤锅炉如采用干（半干）法脱硫、脱硝措施，冷启动不超过 1 h、热启动不超过 0.5 h。

③ 排放量合规判定

纺织印染工业排污单位污染物排放量合规是指同时满足以下两个条件：

a. 纳入排污许可量管理范围的主要排放口污染物实际排放量之和满足纺织印染工业

排污单位年许可排放量；

b. 对于特殊时段有许可排放量要求的，实际排放量不得超过特殊时段许可排放量。

纺织印染工业排污单位启停机等非正常情况造成短时污染物排放量较大时，应通过加强正常运营时污染物排放管理、减少污染物排放量的方式，确保全厂污染物年排放量（正常排放+非正常排放）满足许可排放量要求。

3.4.5.3　管理要求合规判定

生态环境主管部门依据排污许可证中的管理要求以及纺织印染行业相关技术规范，审核环境管理台账记录和排污许可证执行报告；检查纺织印染工业排污单位是否按照自行监测方案开展自行监测；是否按照排污许可证中环境管理台账记录要求记录相关内容，记录频次、形式等是否满足排污许可证要求；是否按照排污许可证中执行报告要求定期上报，上报内容是否符合要求等；是否按照排污许可证要求定期开展信息公开；是否满足特殊时段污染防治要求。

3.5　排污许可环境管理要求

3.5.1　企业自行监测

纺织印染工业排污单位在申请排污许可证时，应当按照 HJ 879 确定产排污节点、排放口、污染因子及许可排放限值的要求，制定自行监测方案并在《排污许可证申请表》中明确。排污单位自备火力发电厂机组（厂）、配套锅炉的自行监测要求按照 HJ 820 制订自行监测方案。

2015 年 1 月 1 日（含）后取得环境影响评价文件批复的纺织印染工业排污单位，应根据环境影响评价文件和批复要求同步完善自行监测方案。有核发权的地方生态环境主管部门可根据环境质量改善需求，增加纺织印染工业排污单位自行监测管理要求。

监测期间手工监测的记录包括：采样记录（采样日期、采样时间、采样点位、混合取样的样品数量、采样器名称、采样人姓名等）、样品保存和交接（样品保存方式、样品传输交接记录）、样品分析记录（分析日期、样品处理方式、分析方法、质控措施、分析结果、分析人姓名等）、质控记录（质控结果报告单）。自动监测运维记录包括自动监测系统运行状况、系统辅助设备运行状况、系统校准、校验工作等，仪器说明书及相关标准规范中规定的其他检查项目，校准、维护保养、维修记录等。同步记录监测期间的生产工况，包括企业及各主要生产设施（至少涵盖废气主要污染源相关生产设施）运行状况（包括停机、启动情况）、产品产量、主要原辅料使用量、取水量、主要燃料消耗量、燃料主要成分、污染治理设施主要运行状态参数、污染治理主要药剂消耗情况等。

按照 HJ 819、HJ/T 373，纺织印染工业排污单位应当根据自行监测方案及开展状况，梳理全过程监测质控要求，建立自行监测质量保证与质量控制体系。

纺织印染工业排污单位自行监测信息公开内容及方式按照《企业事业单位环境信息公开办法》（环境保护部令 第 31 号）及《国家重点监控企业自行监测及信息公开办法（试行）》（环发〔2013〕81 号）执行。非重点排污单位的信息公开要求由地方生态环境主管部门确定。

（1）废水排放监测

主要考虑外排口监测点位设置、监测指标及监测频次，包括纺织印染工业企业、织造企业、成衣水洗企业的总外排口、印染工业企业的染色印花车间排口以及纺织印染工业污水集中处理设施总排放口。污染物指标主要以《纺织染整工业水污染物排放标准》（GB 4287—2012）、《缫丝工业水污染物排放标准》（GB 28936—2012）、《毛纺工业水污染物排放标准》（GB 28937—2012）、《麻纺工业水污染物排放标准》（GB 28938—2012）为依据。

对于印染工业企业，二氧化氯、可吸附有机卤素（AOX）监测适用于含氯漂工艺的印染工业企业；总锑监测适用于以含锑催化剂的涤纶为原料的印染工业企业；六价铬监测适用于使用含铬染料及其助剂、有感光制网工艺进行印花的企业。

化学需氧量为我国总量减排控制主要污染物；pH 为基础但对排水安全很重要的指标，同时也是纺织废水中一项特征指标，印染废水绝大部分呈碱性，但丝绸印染和毛印染因采用酸性染料使废水呈偏酸性。洗毛废水的 pH 受中性洗毛、碱性洗毛和酸性洗毛的不同工艺影响，呈中性、偏碱性或偏酸性。麻纺企业的浸酸废水和酸洗废水呈酸性，煮练废水和拷麻废水呈碱性，缫丝废水呈偏碱性。故对上述两项指标监测频次有较高要求，需采用自动监测。

除了蜡染和印花等部分使用尿素的工艺废水含氮量较高外，大多数印染废水是缺氮的，在废水处理站调试时往往要添加尿素直至生化反应正常为止，所以印染废水处理一般不考虑脱氮问题。但鉴于氨氮已实施总量控制，且自动监测技术基本成熟，根据排放总量计算的数据要求，不区分直接排放和间接排放，监测频次统一为自动监测。

悬浮物和色度对于纺织印染工业企业存在一定超标比例，且容易引起公众感观反应，印染废水中的染料残留是造成印染废水色度的主要原因。再考虑到该两项指标的监测相对简单，故对这两项污染物指标在监测频次上要求较高，需每日监测。五日生化需氧量监测相对耗时，且已对化学需氧量提出较高监测要求，故对其监测频次要求相对低一些。

印染废水中磷主要来源于含磷洗涤剂，部分企业采用磷酸三钠，磷的浓度就会很高，达到每升几十毫克，这时必须将含磷高的废水在前处理中去除。通过不使用或少使用含磷洗涤剂，磷化物浓度可大幅降低。故对总氮、总磷这两项污染物指标监测频次要求相对较低。但对于总氮或总磷超标的流域和沿海地区，实施总氮或总磷总量控制的区域，应提高相应指标的监测频次，要求自动监测。

印染工业企业排放的苯胺类毒性比较高，且由于具有长期残留性、生物蓄积性、致癌性等特点，被美国国家环境保护局列为优先控制的 129 种污染物。硫化物是水体污染的一项重要指标，对人和动、植物的健康都有负面影响。六价铬属一类污染物，且为车间或生产设施废水排放口监测的污染物指标。因此，根据《总则》要求对苯胺类、硫化物、六价铬每月监测一次。

考虑污染物因子企业自动监测、手工监测能力及委托监测成本，按照主要污染物监测频次高于非主要污染物、直接排放监测频次高于间接排放监测频次的总体原则，参照《总则》，确定纺织印染工业企业、织造企业、成衣水洗企业各排污口不同污染物的监测频次。

根据《总则》，对于水环境质量中总锑超标的流域或沿海地区，要求提高总锑监测频次。

纺织印染工业污水集中处理设施废水外排口监测指标包含纺织印染工业企业、织造企业、成衣水洗企业废水监测指标，根据《总则》要求以及企业废水特点，确定流量、pH、化学需氧量（COD_{Cr}）、氨氮、悬浮物、色度（稀释倍数）、五日生化需氧量、总氮、总磷为必测指标，并作为主要监测指标提出高频次要求。二氧化氯、可吸附有机卤素（AOX）、硫化物、苯胺类、总锑、六价铬、动植物油 7 项指标作为选测指标，纺织印染工业污水集中处理设施应根据上游企业类型从中确定监测指标，监测频次稍低于主要监测指标。

根据当前环境管理状况，对纺织印染工业排污单位、织造企业和成衣水洗企业内部监测没有明确需求，本标准中暂未考虑，各地或排污单位有需要的，可根据《总则》确定内部监测的监测点位、监测指标和频次。

（2）废气排放监测

根据纺织印染工业企业、织造企业和成衣水洗企业，以及纺织印染工业污水集中处理设施涉及的废气排放源，明确了废气排放监测位置及频次。

对于纺织印染工业企业废气，当前没有专门的行业排放标准，执行《大气污染物综合排放标准》（GB 16297—1996），有组织废气排放监控位置应为车间或生产设施排气筒。

根据《总则》，同时考虑到目前污染物排放限值等研究基础薄弱，以积累一定监测数据为出发点，考虑企业经济成本，纺织印染工业企业各类有组织废气按季度或半年开展监测，为日后明确管理要求奠定基础。

纺织印染工业企业需根据环境影响评价文件及其批复、原料工艺等确定是否需要监测其他有机废气污染物。

对于无组织排放，主要根据纺织印染工业排污单位、织造企业各自涉及的无组织排放源类型提出了监测指标及频次要求。在调研过程中发现，纺织印染工业企业由于定型机、废水处理等带来的恶臭问题易引起公众投诉，对周边居民产生影响，因此，根据《总则》要求，若周边有居民区等敏感点，应提高监测频次。

监测方法按照《总则》5.2.1.7 的要求执行。

按照当前行业污染物标准的制定情况，结合当前环境管理的需求，本标准确定了监测的污染物指标，今后应根据标准制定和管理要求的具体变化，根据《总则》增加或减少污染物因子，并确定自行监测的点位、频次。

（3）厂界噪声监测

对纺织印染工业企业、织造企业、成衣水洗企业以及纺织印染工业污水集中处理设施潜在的噪声源进行了梳理，从而为其进行噪声监测布点提供依据。同时依据《总则》对厂界环境噪声监测的相关要求，确定监测频次为季度。

（4）周边环境质量影响监测

根据纺织印染工业排污单位、织造企业和成衣水洗企业的排放状况及对周边环境质量的影响情况，考虑了废水直接排入地表水、海水和周边有居民区 3 种情况的大气敏感点监测要求。

3.5.2 环境管理台账记录

3.5.2.1 一般原则

纺织印染工业排污单位在申请排污许可证时，应按本标准规定，在《排污许可证申请表》中明确环境管理台账记录的要求。有核发权的地方生态环境主管部门补充制定相关技术规范中要求增加的，在本标准基础上进行补充；排污单位还可根据自行监测管理的要求补充填报其他必要内容。

纺织印染工业排污单位应建立环境管理台账制度，设置专人专职进行台账的记录、整理、维护和管理，并对台账记录结果的真实性、准确性、完整性负责。

3.5.2.2　台账记录内容

纺织印染工业排污单位排污许可证台账应真实记录生产设施和污染防治设施信息，其中，生产设施信息包括基本信息和生产设施运行管理信息，污染防治设施信息包括基本信息、污染防治设施运行管理信息、监测记录信息、其他环境管理信息等内容。

（1）生产设施信息

记录生产设施运行参数，包括设备名称、主要生产设施参数、设计生产能力、产品产量、生产负荷、原辅料及燃料使用情况等。

① 产品产量：记录最终产品产量；

② 生产负荷：记录实际产品产量与实际核定产能之比；

③ 原辅料：记录名称、种类、用量等；

④ 燃料：记录总硫含量、硫化氢含量等。

（2）污染防治设施运行管理信息

记录所有污染治理设施的规格参数、污染物排放情况、停运时段、主要药剂添加情况等。

① 污染物排放情况：

废水防治设施台账应包括所有防治设施的运行参数及排放情况等，废水治理设施包括废水处理能力（m^3/d）、运行参数、废水排放量、废水回用量、污泥产生量及去向、出水水质、排水去向等。

废气治理设施应记录入口风量、污染物项目、排放浓度、排放量、治理效率、数据来源，还应明确排放口烟气温度、压力、排气筒高度、排放时间等。

② 停运时段：开始时间、结束时间，记录内容反映纺织印染工业排污单位污染防治设施的运行状况。

③ 主要药剂添加情况：记录添加药剂名称、添加时间、添加量。

（3）非正常工况记录信息

非正常工况记录信息内容应记录非正常（停运）时刻、恢复（启动）时刻、事件原因、是否报告、所采取的措施等。

（4）监测记录信息

对手工监测记录、自动监测运行维护记录、信息报告、应急报告内容的要求进行台账记录。

监测质量控制根据 HJ/T 373、HJ 819 要求执行。

（5）其他环境管理信息

纺织印染工业排污单位应记录无组织废气污染治理措施运行、维护、管理相关的信息。无组织废气治理措施应按天次至少记录厂区降尘洒水次数，原料或产品场地封闭、遮盖情况，是否出现破损等。

纺织印染工业排污单位在特殊时段应记录管理要求、执行情况（包括特殊时段生产设施运行管理信息和污染防治设施运行管理信息）等。

纺织印染工业排污单位还应根据环境管理要求和排污单位自行监测内容需求，自行增补记录。

3.5.2.3 台账记录频次

（1）生产设施运行管理信息

生产运行状况：按照纺织印染工业排污单位生产班制记录，每班记录 1 次。

产品产量：连续性生产的设施按照班制记录，每班记录 1 次；间歇性生产的设施按照一个完整的生产过程进行记录。

原辅料及燃料使用情况：每批记录 1 次。

（2）污染治理设施运行管理信息

污染防治设施运行状况：按照污染治理设施管理单位班制记录，每班记录 1 次。

污染物排放情况：连续排放污染物的按班制记录，每班记录 1 次；非连续排放污染物的按照产排污阶段记录，每阶段记录 1 次。

药剂添加情况：每班记录 1 次。

（3）非正常工况记录信息

非正常工况信息按工况期记录，每工况期记录 1 次。

（4）监测记录信息

监测数据的记录频次与《排污单位自行监测技术指南　纺织印染工业》（HJ 879）规定的废气、废水监测频次一致。

（5）其他环境管理信息

无组织废气污染治理措施运行、维护、管理相关的信息记录频次原则上不少于 1 天 1 次。

重污染天气应对期间及重大活动保障期间等特殊时段的台账记录频次原则上与正常生产记录频次一致，涉及停产的纺织印染工业排污单位或生产工序原则上仅对起始和结束当天进行 1 次记录，地方生态环境主管部门有特殊要求的，从其规定。

3.5.2.4　台账记录形式及保存

台账应当按照纸质储存和电子化储存两种形式同步管理，台账保存期限不得少于 3 年。

纸质台账应存放于保护袋、卷夹或保护盒中，专人保存于专门的档案保存地点，并由相关人员签字。档案保存应采取防光、防热、防潮、防细菌及防污染等措施。纸质类档案如有破损应及时修补。

电子台账保存于专门存储设备中，并保留备份数据。存储设备由专人负责管理，定期进行维护。电子台账根据地方生态环境主管部门管理要求定期上传，纸质台账由纺织印染工业排污单位留存备查。

3.5.3　执行报告要求

3.5.3.1　一般原则

排污许可证执行报告按报告周期分为年度执行报告、季度执行报告和月度执行报告。

持有排污许可证的纺织印染工业排污单位均应按照《排污许可证申请与核发技术指南　纺织印染工业》（HJ 861）规定提交年度执行报告与季度执行报告。为满足其他环境管理要求，地方生态环境主管部门有更高要求的，排污单位还应根据其规定，提交月度执行报告。排污单位应在全国排污许可证管理信息平台上填报并提交执行报告，同时向核发机关提交通过平台印制的书面执行报告。

3.5.3.2　执行报告频次

年度执行报告。纺织印染工业排污单位应至少每年上报一次排污许可证年度执行报告，于次年 1 月底前提交至排污许可证核发机关。对于持证时间不足 3 个月的，当年可不上报年度执行报告，排污许可证执行情况纳入下一年年度执行报告。

季度执行报告。纺织印染工业排污单位每季度上报一次排污许可证季度执行报告。自当年 1 月起，每 3 个月上报一次季度执行报告，季度执行报告于下季度首月 15 日前提交至排污许可证核发机关，提交年度执行报告的可免报当季季度执行报告。但对于无法按时上报年度执行报告的，应先提交季度报告，并于 10 日内提交年度执行报告。对于持证时间不足 1 个月的，该报告周期内可不上报季度执行报告，排污许可证执行情况纳入下一季度执行报告。

3.5.3.3 执行报告内容

（1）年度执行报告

纺织印染工业排污单位应根据环境管理台账记录等信息归纳总结报告期内排污许可证执行情况，按照执行报告提纲编写年度执行报告，保证执行报告的规范性和真实性，按时提交至发证机关。年度执行报告编制内容包括以下 13 个部分：

① 基本生产信息；

② 遵守法律法规情况；

③ 污染防治设施运行情况；

④ 自行监测情况；

⑤ 台账管理情况；

⑥ 实际排放情况及合规判定分析；

⑦ 排污费（环境保护税）缴纳情况；

⑧ 信息公开情况；

⑨ 纺织印染工业排污单位内部环境管理体系建设与运行情况；

⑩ 其他排污许可证规定的内容执行情况；

⑪其他需要说明的问题；

⑫结论；

⑬附图、附件要求。

（2）季度执行报告

纺织印染工业排污单位季度执行报告编写内容应至少包括污染物实际排放情况及合规判定分析，以及污染防治设施运行情况中异常情况的说明及所采取的措施。

3.5.4　污染防治可行技术运行管理要求

3.5.4.1　废水

纺织印染工业排污单位根据产污环节合理确定废水处理工艺及设施参数，应符合 HJ 471 的相关要求。废水中含有棉毛短绒、纤维较多时，应采用具有清洗功能的滤网设备，含细砂和短纤维的成衣水洗废水应设置除砂及过滤设备。采用化学脱色处理废水时，宜首选不含氯的脱色剂。废水处理中产生的栅渣、污泥等做好收集处理处置，防止二次污染。根据工艺要求，定期对构筑物、设备、电气及自控仪表进行检查维护，确保处理设施稳定运行。

纺织印染工业排污单位应进行雨污分流，重视生产节水管理，加强各类废水的处理与回用，实施低排水印染工艺改造。根据用水水质要求实现废水梯级利用，尽量减少污水排放量。厂区内废水管线和处理设施做好防渗，防止有毒有害污染物渗入地下水体。

根据废水处理设施生产及周围环境实际情况，考虑各种可能的突发性事故，做好应急预案，配备人力、设备、通信等资源，预留应急处置的条件。未经当地生态环境主管部门批准，废水处理设施不得停止运行。由于紧急事故造成设施停止运行时，应立即报告当地生态环境主管部门。

3.5.4.2　废气

（1）有组织排放控制运行管理要求

纺织印染工业排污单位应当按照相关法律法规、标准和技术规范等的要求运行大气污染防治设施并进行维护和管理，保证设施运行正常，处理、排放大气污染物符合相关国家或地方污染物排放标准的规定。

纺织印染工业排污单位产生废气的生产工艺和装置必须设立局部或整体气体收集系统和净化处理装置，达标排放。

布袋除尘器应定期更换滤袋，确保完整无破损。

静电除尘装置应定期检修维护极板、极丝、振打清灰装置；处理定型机废气时还应定期清洗电极，清理废油。

喷淋吸收装置应定期排放更换吸收液，确保吸收效果。

吸附装置应定期更换吸附材料，确保吸附材料的吸附效能，如脱附后采用催化燃烧装置，则应定期更换催化剂。

RTO 装置应定期检查燃烧器、蓄热体、切换阀等组件，确保系统安全、稳定运行。

RCO 装置应定期检查燃烧器、蓄热体、切换阀等组件，定期更换催化剂，确保系统安全、稳定运行。

（2）无组织排放控制运行管理要求

纺织印染工业排污单位的无组织废气收集与处理应符合 GB 50477 的要求。

对于颗粒物无组织废气产生点，纺织印染工业排污单位应配备有效的废气捕集装置，如局部密闭罩、整体密闭罩、大容积密闭罩、车间密闭等，并配备滤尘设施。

对于挥发性有机溶剂、恶臭等无组织废气产生点，如打棉、沤麻、原麻浸渍、浆料池、调浆、醋酸调节等设施，纺织印染工业排污单位应采取密闭措施以减少废气排放。有机溶剂储存和装卸单元应配置气相平衡管或将产生的废气接入废气处理设施。异味明显的废水处理单元，应加盖密闭，并配备废气收集处理设施。

对于露天储煤场、粉状物料储运系统，纺织印染工业排污单位应配备防风抑尘网、喷淋、洒水、遮盖等抑尘措施，且防风抑尘网不得有明显破损。煤粉、石灰石粉等粉状物料须采用筒仓等封闭式料库存储。其他易起尘物料应遮盖。

环境影响评价文件或地方相关规定中有针对原辅料、生产过程、燃料等其他污染防治强制要求的，还应根据环境影响评价文件或地方相关规定，明确其他需要落实的污染防治要求。

第 4 章　排污许可证核发审核要点

排污单位各项申请材料和环保部门补充信息应完整、规范。

复审时，除应关注是否按照前版审核意见修改外，还需注意是否出现新问题。

4.1　材料的完整性审核

排污单位应具备排污许可证申请表、承诺书、申请前信息公开情况说明表、附图、附件等材料。其中，附图应包括生产工艺流程图和平面布置图。

以下 3 种情形不予受理：

① 国家或地方政府明确规定予以淘汰或取缔的；

② 位于饮用水水源保护区等法律明确禁止建设区域的；

③ 既没有环评手续，也没有地方政府对违规项目的认定或备案文件的。

4.2　材料的规范性审核

4.2.1　申请前信息公开

① 信息公开时间应不少于 5 个工作日。

② 信息公开内容应符合《排污许可证管理暂定规定》的要求。

③ 使用平台下载的样本，应完整填写表格内容，尤其注意公开的起止时间、公开方式、公开内容是否填写完整。

署名应为法定代表人，且应与排污许可证申请表、承诺书等保持一致。有法定代表人的一定要填写法定代表人，对于没有法定代表人的企、事业单位，如个体工商户、私营企业者等，这些单位可以由实际负责人签字。此外，对于集团公司下属不具备法定代表人资格的独立分公司，也可由实际负责人签字。

④ 申请前信息公开期间收到的意见应进行逐条答复。

4.2.2 排污许可证申请表

排污许可证申请表主要核查排污单位基本信息，主要生产单元、生产装置、产品及产能信息，主要原辅材料及燃料信息，生产工艺流程图，厂区总平面布置图，废气、废水等产排污环节，排放污染物种类及污染治理设施信息，执行的排放标准，许可排放浓度和排放量，申请排放量限值计算过程，自行监测及记录信息，环境管理台账记录等。

（1）重点区域应结合生态环境部相关公告，核实是否执行特别排放限值；根据排污单位投产时间，核实该排污单位是否为现有源；原则上，排污单位应具备环评批复或认定、备案文件，如两者全无，应核实排污单位具体情况；污染物总量控制要求应具体到污染物类型及其指标，包括二氧化硫总量指标（t/a）、氮氧化物总量指标（t/a）、颗粒物总量指标（t/a）、化学需氧量总量指标（t/a）、氨氮总量指标（t/a）以及涉及的其他污染物总量指标，同时应与后续许可量计算过程及许可量申请数据进行对比，按《规范》确定许可量。

（2）主要生产单元、生产工艺及生产设施按《规范》填报，不应混填，如有必填项必须填写（表 4-1）；相同生产设施应分行填报，不应采取备注数量的方式；主要生产工艺的产品（生丝、净毛、精干麻、纱、坯布、色纤、色纱、面料、家用纺织制成品、产业用纺织制成品、纺织服装、服饰品等）需要与厂内实际情况相符，如下拉菜单中不包括，可采用自定义的方式；其中属于《规范》中必填的主要工艺、生产设施、设施参数见表 4-1。

其中，若设施有与产排污相关的多项参数，需填写多项参数，如浸染设施填写重量、浴比（1∶X 形式在其他信息栏中填写），定型设施填写幅宽、车速等参数。

生产能力为主要产品设计产能，不包括国家或地方政府予以淘汰或取缔的产能；产品产能在不同工艺间注意衔接，需标明是否为承接前段工艺的产能，如有委外加工、半成品加工等产能的变化，需在备注中说明。

表 4-1 纺织印染排污单位生产工艺、设施必填项

生产单元	生产工艺	生产设施	设施参数
洗毛单元	乳化洗毛工艺、溶剂洗毛工艺、冷冻洗毛工艺、超声波洗毛工艺	洗毛设施（喷射洗毛机、滚筒洗毛机、超声洗毛机、联合洗毛机等）、炭化设施、剥鳞设施	型号、浴比、车速、布幅宽度、容积等
麻脱胶单元	化学脱胶、生物脱胶、物理脱胶、生化联合脱胶工艺	浸渍设施、汽爆装置、沤麻设施、碱处理设施、漂白设施、酸洗设施、煮练设施、漂洗设施、发酵罐	
缫丝单元	桑蚕缫丝、柞蚕缫丝工艺	煮茧机、缫丝机、打棉机	
织造单元	喷水织造、喷气织造工艺	喷水织机及其他	
印染单元	前处理、印花、染色、整理工艺	前处理工序（烧毛设施、退浆设施、精练设施、煮练设施、漂白设施、丝光设施、定型设施、碱减量设施、前处理一体式设施等）、染色工序（散纤维染色设施、纱线染色设施、连续轧染设施、浸染染色设施、喷射染色设施、冷堆染色设施、卷染染色设施、经轴染色设施、溢流染色设施、气流染色设施、气液染色设施等）、印花工序（滚筒印花设施、圆网印花设施、平网印花设施、静电植绒设施、转移印花设施、数码印花设施、泡沫印花设施、印花感光制网设施、平洗设备、砂洗设备等）、整理工序（磨毛机、起毛机、定型设施、直接涂层设施、转移涂层设施、凝固涂层设施、层压复合设施、配料设施等）	
成衣水洗单元	普通水洗、酵素洗、漂洗、石磨洗工艺	水洗机、吊染机、喷色机、马骝机、喷砂机、磨砂机、镭射造型机	
公用单元	锅炉、软化水系统、储存系统、废水处理系统、辅助系统	储存系统（煤场、化学品库、油罐、气罐等）、锅炉（燃煤锅炉、燃油锅炉、燃气锅炉、生物质锅炉等）	

（3）表 4-2 所列原辅料为必填项，尤其注意生产用水不得遗漏，且注明其中的回用水量；辅料应按《规范》填写完整，染料应按技术规范分类填写，若含有铬等重金属需注明含量；坯布应填写原料材质，对含有涤纶原料的坯布应注明总锑的含量；燃料中对于启动燃油也应在此填报，且应包括含硫率、挥发分、热值等信息（不可填 0），天然气含硫率可在其他信息栏中填写含硫浓度（mg/m^3）。

表 4-2 纺织印染排污单位原辅料必填项

生产单元	原料	辅料
洗毛单元	原毛、水、其他	烧碱、合成洗涤剂、氯化钠、硫酸钠、硫酸铵、有机溶剂、盐酸、漂白剂、双氧水、其他
麻脱胶单元	苎麻、亚麻、黄麻、大麻、红麻、罗布麻、水、其他	烧碱、硫酸、盐酸、双氧水、生物酶、给油剂、其他
缫丝单元	桑蚕茧、柞蚕茧、水、其他	渗透剂、抑制剂、解舒剂、其他
织造单元	天然纤维（棉、麻、丝、毛、石棉及其他）与化学纤维（再生纤维、合成纤维、无机纤维、其他）	浆料、表面活性剂、油剂、防腐剂、石蜡、其他
印染单元	散纤维、纱、织物、水、其他	染料（直接染料、活性染料、还原染料、硫化染料、酸性染料、分散染料、冰染染料、碱性染料、媒染染料、荧光染料、氧化染料、酞菁染料、缩聚染料、暂溶性染料）、颜料、糊料、酸剂（乙酸、苹果酸、酒石酸、琥珀酸、硫酸、盐酸）、碱剂（烧碱、纯碱、氨水）、氧化剂（二氧化氯、液氯、双氧水、次氯酸钠）、还原剂（二氧化硫、保险粉、元明粉）、生物酶、短纤维绒、离型纸、助剂（分散剂、精练剂、润湿剂、乳化剂、洗涤剂、渗透剂、均染剂、黏合剂、增白剂、消泡剂、增稠剂、皂洗剂、硬挺剂、固色剂及其他）、整理剂（柔软剂、抗菌防皱剂、防污整理剂、拒油整理剂、防紫外线整理剂、阻燃整理剂、防水整理剂、防皱整理剂、抗静电整理剂、稳定剂、增塑剂、发泡机、促进剂、填充料、着色剂、防光氧化剂、交联剂、防水解剂、增稠剂、引发剂及其他）、涂层剂［聚氯乙烯（PVC）胶、聚氨酯（PU）胶、聚丙烯酸酯（PA）胶、聚有机硅氧烷、橡胶乳液及其他］、溶剂（甲苯、二甲苯、二甲基甲酰胺、丁酮、苯乙烯、丙烯酸、乙酸乙酯、丙烯酸酯及其他）、感光胶（含铬感光胶、常规感光胶）、其他
成衣水洗单元	成衣、成品布、水、其他	酵素、柔软剂、渗透剂、蓬松剂、冰醋酸、烧碱、双氧水、碳酸钠、漂白粉、其他
公用单元	—	废水、废气污染治理过程中添加的化学品（包括石灰、硫酸、盐酸、混凝剂、助凝剂等）

（4）“废气产排污节点、污染物及污染治理设施信息表”应按照技术规范将产排污环节填写完整。纺织印染工业有组织排放废气应包括对应的生产设施和相应排放口，生产设施主要包括锅炉、印花设施（指圆网/平网设施的蒸化、高温焙烘，静电植绒，数码印花，转移印花等产生废气的重点工段）、定型设施、涂层设施，相应排放口主要包括上述

生产设施（或其中某个工段）的烟囱或排气筒，锅炉为主要排放口，印花设施、定型设施、涂层设施为一般排放口，《规范》中明确的内容不得丢项；定型机采用天然气直燃形式，原则上按照一般排放口进行填报，污染物项目增加二氧化硫、氮氧化物。

纺织印染工业废气无组织排放根据不同生产单元分别于厂界管控颗粒物、非甲烷总烃，含有污水处理设施的排污单位应增加臭气浓度、硫化氢、氨等污染物项目；对于有处理设施但无排放口（处理设施净化后排至车间内部）的产污环节，按无组织排放进行填报；对于有处理设施及排放口的产污环节，按照有组织排放口进行填报。

由于汞及其化合物、林格曼黑度采用的是协同治理措施，因此其污染治理设施编号可填“—”，并在“污染治理设施其他信息”中备注“协同处理”；对使用天然气锅炉或设施的废气治理可行性技术可填写“—”；对于产生有组织废气的设施，因采用特殊工艺或原料直接排放可实现达标的，提供相应的历史监测数据，废气治理可行性技术可填写“—”，但排放口必须纳入自行监测管理；对于未采用最佳可行技术的污染控制环节，应填写“否”，并提供相关证明材料。

（5）“废水类别、污染物及污染治理设施信息表”应按照《规范》将产排污环节填写完整，统一排入全厂综合废水处理设施的，废水类别合并填报。纳入许可管理的废水排放口及污染物项目，如《规范》中表 3 所示，“六价铬”在车间或生产设施废水排放口进行管控，其余污染物项目于废水总排口管控。

“六价铬”仅适用于使用含铬染料或助剂、含有感光制网工艺的排污单位，“动植物油”仅适用于含缫丝、毛纺生产单元的排污单位，“可吸附有机卤素”与“二氧化氯”仅适用于麻纺、印染生产单元中含氯漂工艺的排污单位，“苯胺”与“硫化物”仅适用于含印染生产单元的排污单位，“总锑”仅适用于含涤纶化纤碱减量工艺的排污单位，若不涉及相关工艺的污染物项目可不进行填报。

初期雨水、生活污水、循环冷却水排污水等产排污环节不得漏填；单独排入城镇集中污水处理设施的生活污水仅说明去向，单独且直接排入水体的生活污水按主要排放口进行管理；污染治理设施工艺除喷水织机废水经一级+二级处理可达到直接排放标准以外，其余类型的废水执行间接排放标准的需经一级+二级处理，执行直接排放标准的需经一级+二级+深度处理；对于未采用最佳可行技术的废水治理措施，应填写“否”，并提供相关证明材料。

（6）在“废气污染物排放执行标准表”中，对于新增污染源，严格按照《关于做好环境影响评价制度与排污许可制衔接相关工作的通知》（环办环评〔2017〕84 号）执行；

主要排放口废气污染物许可排放浓度限值按照《锅炉大气污染物排放标准》（GB 13271）或要求更为严格的地方标准进行确定；一般排放口废气及厂界无组织废气浓度限值按照《大气污染物综合排放标准》（GB 16297）、《恶臭污染物排放标准》（GB 14554）或要求更为严格的地方标准进行确定；对于执行 GB 14554 的一般排放口，应按烟囱高度确定排放速率要求；对于执行 GB 16297 的一般排放口，除确定许可排放浓度以外，还应按烟囱高度确定排放速率要求。

（7）在“大气污染物有组织排放表”中，对于汞及其化合物、林格曼黑度等需申请许可排放浓度，无须申请许可排放量；申请的许可排放量应按照技术规范要求取严；申请的许可排放量应与计算过程保持一致；计算过程中的参数选取严格按照《规范》要求进行，生物质锅炉基准烟气量按《动力工程师手册》计算或参照燃煤锅炉数值进行选择；对于执行 GB 16297 的设施，除确定许可排放浓度以外，还应按烟囱高度确定排放速率要求。

（8）在“大气污染物无组织排放表”中，无组织排放源的污染治理措施填写应符合实际，标准填写应明确；对于国家和地方排放标准中无要求的无组织产污环节，如无特殊规定，不建议给出许可排放浓度、许可排放量等量化考核要求，仅说明控制措施即可。

（9）直接排放口和车间或设施排放口均填写“废水直接排放口基本情况表”，需特别注意受纳自然水体信息填写是否正确，如涉及使用含重金属铬的染料的，表中车间排放口控制污染物项目为六价铬。

（10）“废水间接排放口基本情况表”应写明受纳污水处理厂执行的外排浓度限值。

（11）在“废水污染物排放执行标准表”中，以下 3 种情况需增加申请总量的污染物种类：① 受纳水体环境质量超标且列入 GB 4287、GB 8978、GB 28936、GB 28937、GB 28938 中的其他污染物；②《“十三五”生态环境保护规划》（国发〔2016〕65 号）载明的总磷、总氮总量控制区域；③ 地方生态环境主管部门另有规定的其他污染物。

（12）在“自行监测及记录信息表”中，监测因子数量及最低监测频次应符合《排污单位自行监测技术指南　纺织印染工业》（HJ 879—2017）的要求；锅炉排放口应符合《排污单位自行监测技术指南　火力发电及锅炉》（HJ 820—2017）的要求；关注废气有组织一般排放口、无组织排放口以及雨水排放口的监测信息；对于废气有组织一般排放口，若地方有现行监测要求，则按其要求填报。监测内容废水包括流量；废气包括：① 主要排放口：烟气量、烟气流速、烟气温度、烟气含湿量；② 一般排放口：空气流速；③ 厂界：温度、气压、风速、风向。

（13）“环境管理台账信息表”应按照《规范》要求填报环境管理台账记录内容和频次等要求，原则上记录形式应为电子和纸质同时记录。具体内容包括基本信息、污染治理措施运行管理信息、监测记录信息、其他环境管理信息等。

① 基本信息：包括主要生产设施（如染缸、定型机）、锅炉、治理设施名称、工艺等排污许可证规定的各项排污单位基本信息的实际情况及与污染物排放相关的主要运行参数；

② 污染治理措施运行管理信息：包括记录所有污染治理设施的规格参数、污染排放情况、停运时段、主要药剂添加情况等；

③ 监测记录信息：包括手工监测的记录和自动监测运维记录信息，以及与监测记录相关的生产和污染治理设施运行状况记录信息等。

（14）许可排放量：许可排放量计算过程应清晰完整，且列出不同计算方法及取严过程。按照技术规范计算时，计算方法及参数选取符合规范要求，应详细列出计算公式和各参数选取原则、选取值及计算结果；明确给出总量指标来源及具体数值，环评文件及其批复要求（环评文件及其批复中的排水量、排污量可作为计算依据），最终按取严原则确定申请的许可排污量。对于间接排放废水的排污单位，应注意其已有化学需氧量、氨氮等总量控制要求是否为企业最终外排总量，注意与接管排放量区分，接管排放量与最终外排量之间不再取严；对于排污单位自愿采取更低排放要求申请许可排放浓度和许可排放量的（如排污单位自愿采用超低排放要求作为申请许可排放浓度和许可排放量的依据），应进行核实，并告知生态环境主管部门及排污单位利弊关系。

（15）附图：工艺流程图与总平面布置图要清晰可见、图例明确，且不存在上下左右颠倒的情况；工艺流程图应包括主要生产设施（设备）、主要原燃料的流向、生产工艺流程等内容；平面布置图应包括主要工序、厂房、设备位置关系，尤其应注明厂区雨水、污水收集和运输走向、排放口等内容。

（16）附件：应提供承诺书、信息公开情况说明表及其他必要的说明材料，例如：未采用可行技术但具备达标排放能力的说明材料等。

4.2.3　相关环境管理要求审核

（1）应按《规范》要求填写执行报告内容、频次等；纺织印染排污单位应包括年度、季度执行报告，其中季度执行报告应至少包括全年执行报告中的第（6）部分中的实际排放量报表、达标判定分析说明及第（4）部分中“治污设施异常情况汇总表”；月执行报告可根据地方管理要求确定是否提交。

（2）应按照《企业事业单位信息公开管理办法》《排污许可证管理暂行规定》等现行文件的管理要求，填报信息公开方式、时间、内容等信息。

（3）生态环境主管部门可将对排污单位的现行废气、废水管理要求，以及法律法规、《规范》中明确的污染防治措施运行维护管理要求写入“其他环境管理要求”部分；对于污染治理设施不满足纺织印染工业排污许可申请与核发规范要求的，可将整改要求写入“改正措施”中并限定整改时限；若无地方法规要求，暂不建议写入关于噪声、固体废物、环境风险等方面的管理要求。

（4）生态环境主管部门应重点审核许可事项，如排放口的数量、类型，许可排放浓度执行的标准、许可排放量取值是否符合《规范》要求。管理要求要明确，且符合《规范》要求，为将来的监管执法提供依据。对载明事项中存在的低级错误和逻辑不通的内容，需明确提出修改要求。

第 5 章　典型案例分析

5.1　企业概况

5.1.1　基本信息

×××印染有限公司位于××市×××××××，总占地面积×××m^2，总建筑面积×××m^2，申报项目基本情况主要包括捻线车间、染色车间、定型车间及公用单元仓库、食堂、浴室、锅炉、废水处理站、危废仓库等。项目行业类别归属于化纤织物染整精加工。项目总投资××××万元，其中环保投资×××万元，环保投资占比××%。项目主要生产多功能特种缝纫线、织带、物理长纤环保线（防钻毛线、消臭线等），其中织带年产400 t，色线年产 1 000 t，合计年生产量为 1 400 t。

项目内设有食堂，厨房油烟经由一套净化系统风量为 3 000 m^3/h 的设备净化处理后经15 m 的管道排出；生产中包括一台蒸汽量为 6 t/h 的燃气锅炉为整段工艺供热，年设计运行时长 8 472 h，天然气年设计使用量为 139 万 m^3，燃烧废气经 8 m 管道排出；项目生产过程中有定型工段，生产设施为定型机和过胶机，主要用于织带的定型整理，该工段产生的非甲烷总烃和颗粒物污染物，经定型废气处理系统喷淋+静电吸附处理后，经 15 m 管道排出；项目内设有污水处理设施，污水主要来源纱线染色工段，设计处理量为 300 t/d，年设计运行时长 8 472 h，其中污水处理站采用遮盖措施，污水处理站工艺流程如图 5-1 所示。

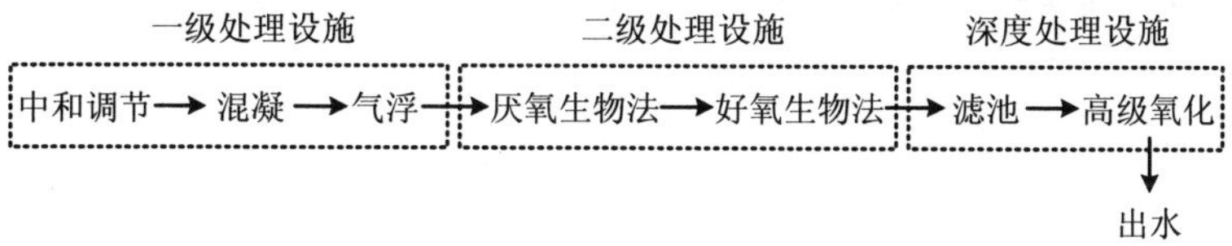

图 5-1　污水处理站工艺流程图

项目内设废水总排口 1 处，污水站处理后排水与生活污水经过总排口排入××污水处理厂。

5.1.2 生产工艺及产排污特点

5.1.2.1 生产工艺

本项目纱线主要生产工艺流程如图 5-2 所示。

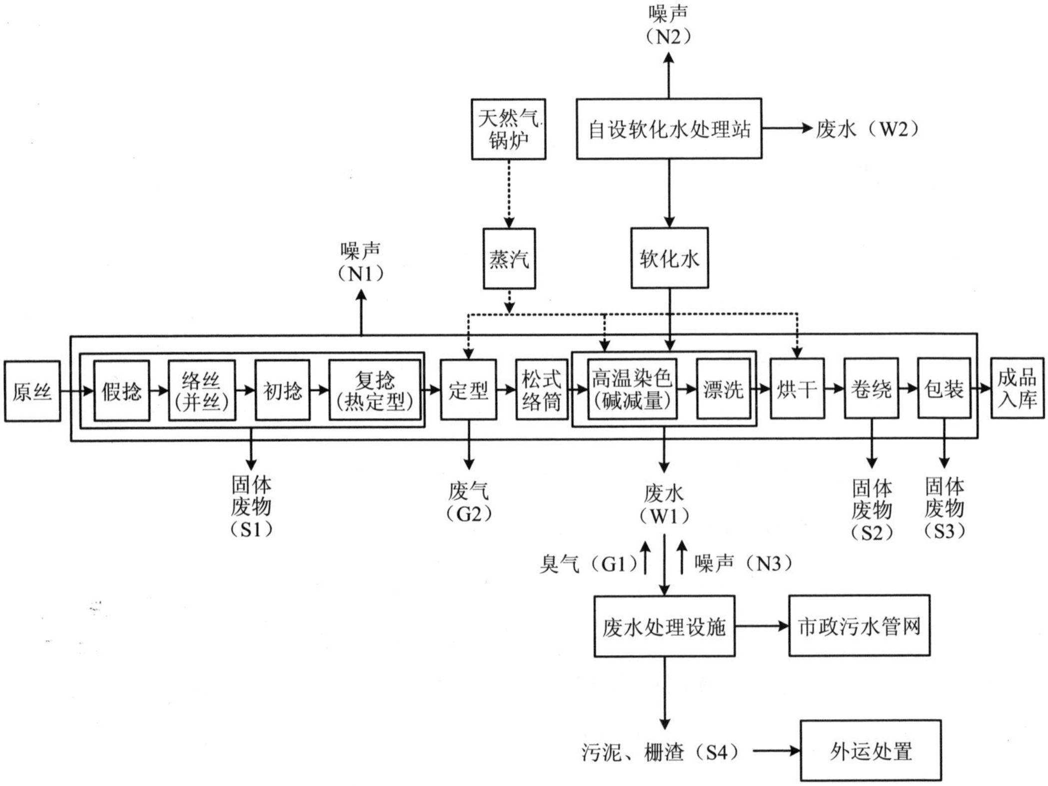

图 5-2 纱线主要生产工艺流程图

本项目织带主要生产工艺流程如图 5-3 所示。

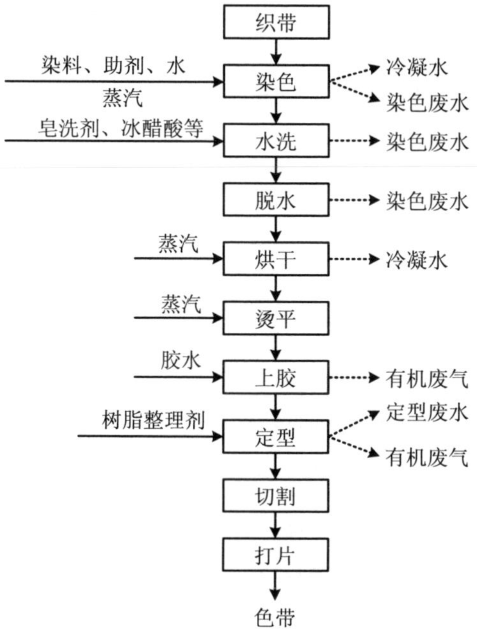

图 5-3　织带主要生产工艺流程图

项目涉及多种产品，不同产品生产工艺略有调整。

5.1.2.2　产排污环节

（1）废水

废水类型：前处理—碱减量、精练废水、高温染色—染色废水、漂洗—染色废水；食堂—含油污水；办公室—生活污水。

废水污染物因子：化学需氧量、氨氮（NH_3-N）、总氮（以 N 计）、总磷（以 P 计）、苯胺类、pH、五日生化需氧量、色度、悬浮物、总锑、硫化物。

（2）废气

废气类型：定型整理—定型废气、废水处理—臭气、食堂—油烟废气、锅炉—锅炉废气。

废气污染物因子：颗粒物、二氧化硫、氮氧化物、林格曼黑度、油烟、非甲烷总烃、臭气浓度、氨（氨气）、硫化氢。

（3）固体废物

固体废物类型：假捻、络丝、初捻、复捻—废材料；包装—废包装；废水处理—污泥；食堂—餐厨垃圾；工艺设备—废机油；办公室—生活垃圾；仓库—废染料/助剂包装。

5.2 排污许可证申请组织和材料准备

5.2.1 填报表格内容

（1）排污单位基本情况—排污单位基本信息；

（2）排污单位基本情况—主要产品及产能；

（3）排污单位基本情况—主要原辅材料及燃料；

（4）排污单位基本情况—排污节点、污染物及污染治理设施；

（5）大气污染物排放信息—排放口；

（6）大气污染物排放信息—有组织排放信息；

（7）大气污染物排放信息—无组织排放信息；

（8）大气污染物排放信息—企业大气排放总许可量；

（9）水污染物排放信息—排放口；

（10）水污染物排放信息—申请排放信息；

（11）噪声排放信息；

（12）固体废物排放信息；

（13）环境管理要求—自行监测要求；

（14）环境管理要求—环境管理台账记录要求；

（15）地方生态环境主管部门增加的管理内容；

（16）相关附件。

5.2.2 材料准备

（1）统一社会信用代码证或组织机构代码证的原件（或复印件）及扫描件，全部环评文件及批复，全部“三同时”验收文件，地方政府对违规项目的认定或备案文件（如有），主要污染物总量分配计划文件（如有）。

（2）全部生产设施清单及参数情况，设计产品产能信息，可从设计文件或环评文件中获取。

（3）全厂设计原辅材料、燃料信息，包括种类、成分、含量、燃料热值及用量等；

生产工艺流程图；厂区总平面布置图。

（4）有组织和无组织废气处理工艺，特征污染物，执行标准，大气有组织排放口高度、内径。

（5）申请锅炉烟气主要排放口的年许可排放量计算过程。

（6）废水处理工艺，特征污染物，执行标准，排放口信息，受纳水体/污水厂信息。

（7）申请废水的年许可排放量计算过程。

（8）噪声及固体废物的排放信息。

（9）自行监测方案，环境管理台账记录要求。

（10）有核发权的地方生态环境主管部门增加的管理内容信息；需要改正措施的信息。

（11）附件：守法承诺书，排污许可证申领信息公开情况说明表（简化管理的不需要），非可行技术的证明文件。

5.3　排污许可证平台填报及注意事项

5.3.1　排污单位基本情况—排污单位基本信息

排污单位基本信息填报内容如表 5-1 所示。

表 5-1　排污单位基本信息表

是否需要整改	否	许可证管理类别①	重点管理
单位名称	上海×××有限公司	注册地址	上海市××区××路××号
邮政编码②	20××××	生产经营场所地址③	上海市××区××路××号
行业类别	化纤织物染整精加工	投产日期④	2014-04-18
生产经营场所中心经度⑤	××°××′××″	生产经营场所中心纬度	××°××′××″
组织机构代码	—	统一社会信用代码	××××××
技术负责人	张×	联系电话	130××××××××
所在地是否属于大气重点控制区域⑥	是	所在地是否属于重金属污染特别排放限值实施区域	是
所在地是否属于总氮控制区域⑦	是	所在地是否属于总磷、总氮控制区⑧	是
是否位于工业园区	是	所属工业园区名称	×××产业园
是否需要改正	否	排污许可证管理类别	重点管理
主要污染物类别	☑废气　☑废水		

主要污染物种类	☑颗粒物 ☑SO_2 ☑NO_x ☑其他特征污染物（油烟、臭气）		☑CO_2 ☑氨氮 ☑其他特征污染物，包括悬浮物、五日生化需氧量、总氮（以 N 计）、总磷（以 P 计）、苯胺类、pH、色度、硫化物、总锑
大气污染物排放形式	☑有组织 ☑无组织	废水污染物排放规律	☑间断排放，排放期间流量稳定
是否有环评审批意见⑨	是	环境影响评价审批意见文号（备案编号）	××环保许管〔20××〕××号
是否有地方政府对违规项目的认定或备案文件⑩	否	认定或备案文件文号	—
是否有主要污染物总量分配计划文件⑪	否	总量分配计划文件文号	—

注：1. ①许可证管理类别：根据《固定污染源排污许可分类管理名录（2017 版）》，纺织印染工业“含前处理、染色、印花、整理工序的，以及含洗毛、麻脱胶、缫丝、喷水织造等工序的”纳入重点管理行业，按《排污许可证申请与核发规范　纺织印染工业》（以下简称《规范》）进行填报，纺织印染工业其他行业纳入简化管理《排污许可证申请与核发规范　总则》进行填报。

②邮政编码：生产经营场所地址所在地邮政编码。

③生产经营场所地址：应填写具体路名及门牌号。

④投产日期：指已投运的排污单位正式投产运行的时间，对于分期投运的排污单位，以先期投运时间为准。

⑤企业位置信息：指生产经营场所中心经度坐标，请点击“选择”按钮，在地图页面拾取坐标。若无法进行正常定位，请注意使用 IE8 以上浏览器或使用手动输入。

⑥大气重点控制区：指《关于执行大气污染物特别排放限值的公告》（2013 年第 14 号）中列明的 47 个市。

⑦～⑧总磷、总氮控制区：指《国务院关于印发“十三五”生态环境保护规划的通知》（国发〔2016〕65 号）以及生态环境部相关文件中确定的需要对总磷、总氮进行总量控制的区域。

⑨环评审批文件：须列出所有环评审批文件文号或备案编号。对于按照《国务院办公厅关于印发加强环境监管执法的通知》（国办发〔2014〕56 号）要求，经地方政府依法处理、整顿规范并符合要求的项目，须列出证明符合要求的相关文件名和文号。

⑩对于有主要污染物总量控制指标计划的排污单位，须列出相关文件文号（或其他能够证明排污单位污染物排放总量控制指标的文件和法律文书），并列出上一年主要污染物总量指标。关于水污染物总量文件，需注意总量是否注明为排入水体外环境的总量，以及核发的外排水量。

⑪废气废水污染物控制指标：默认大气污染物控制指标为二氧化硫、氮氧化物、颗粒物和挥发性有机物 4 种，其中颗粒物包括可吸入颗粒物、烟尘和粉尘；默认水污染物控制指标为化学需氧量和氨氮；默认指标均无须填写。

2. 以下 3 种情况需增加总量指标：① 受纳水体环境质量超标且列入 GB 4287、GB 8978、GB 28936、GB 28937、GB 28938 中的其他污染物；② 总磷、总氮总量控制区域；③ 地方生态环境主管部门另有规定的其他污染物。

5.3.2 排污单位登记信息—主要产品及产能

主要产品及产能信息填报内容如表 5-2 所示。

表 5-2 主要产品及产能信息表

序号	主要生产单元名称	主要工艺名称[1]	生产设施名称[2]	生产设施编号	生产设施参数[3] 参数名称	设计值	计量单位	其他设施参数信息	其他设施信息	产品名称[4]	产品设计产能[5]	计量单位[6]	设计年生产时间/h	其他产品信息	其他工艺信息
1	公用单元	食堂餐饮	厨房油烟净化	CY-01	风量	3 000	m^3/h		涉及油烟废气						
	公用单元	锅炉	燃气锅炉	GL-01	蒸汽量	6	t		涉及废气						
	公用单元	污水处理	污水设施除臭	WS-01	风量	5 000	m^3/h		涉及废水、废气、固废						
	公用单元	储存系统	固废仓库	RM-01	面积	150	m^2								
2	印染单元	整理工艺	定型设施	DX-01	滚筒个数	5	m	滚筒式整烫定型机	涉及废水、废气	色带	400	t/a	1 200		
					滚筒长度	0.5	m								
					滚筒直径	0.3	m								
			过胶机	GJ-01	宽度	0.06	m		涉及废气						
					传送速度	6	m	单位：6 m/min							
3	印染单元	染色工艺	浸染染色设施	JS-01	重量	40	kg	卧式染带机	涉及废水	色纱	1 000	t/a	8 472	上游来自织造单位，下游进入印染单元干燥工艺	
			浸染染色设施	JS-02	重量	40	kg	卧式染带机	涉及废水						
			纱线染色设施	RS-01	浴比			1∶8	涉及废水						
					重量	60	kg								
			纱线染色设施	RS-02	浴比			1∶8	涉及废水						
					重量	60	kg								
			纱线染色设施	RS-03	浴比			1∶8	涉及废水						
					重量	60	kg								
			设备设施逐一填写、逐一编号												
4	印染单元	干燥	干燥机	GZ-01	重量	120	kg			色纱	1 000	t/a	8 472	上游来自染色工艺	
			干燥机	GZ-02											
			脱水机	TS-01											

序号	主要生产单元名称	主要工艺名称①	生产设施名称②	生产设施编号	生产设施参数③				其他设施信息	产品名称④	产品设计产能⑤	计量单位⑥	设计年生产时间/h	其他产品信息	其他工艺信息
					参数名称	设计值	计量单位	其他设施参数信息							
5	织造单元	捻线	倍捻机	BN-01	规模	108	锭	型号：3M3 村田		色线	1 000	t/a	8 472	下游进入印染单元染色工艺	
			倍捻机	BN-02	规模	108	锭	型号：3M3 村田							
			倍捻机	BN-03	规模	108	锭	型号：3M3 村田							
			高速并线机	BX-22	规模	56	锭	型号：YMD							
			卷绕机	JR-01	规模	4	锭	型号：HAKEBA	涉及噪声						
					声强	72	dB								
			卷绕机	JR-02	规模	4	锭	型号：HAKEBA	涉及噪声						
					声强	72	dB								
			卷绕机	JR-03	规模	4	锭	型号：HAKEBA	涉及噪声						
					声强	72	dB								
			设备设施逐一填写、逐一编号												

注：①主要工艺名称：指主要生产单元所采用的工艺名称。《规范》中所列的“必填项”必须填报。根据上海市地方管理要求，含强噪声源（纺织机械、空压机、风机等）、产生固体废物的主要工艺必须自行填报。

②生产设施名称：指某生产单元中主要生产设施（设备）名称。《规范》中所列的“必填项”必须填报。根据上海市地方管理要求《上海市排污许可证管理实施细则》，产生强噪声、固体废物的生产设施必须自行填报。

③生产设施参数：指设施（设备）的设计规格参数，包括参数名称、设计值、计量单位。印染设施参数信息包括重量、容量、浴比、布幅宽度、速度、规模等，其中染色设施中浴比（在其他选项内按 1∶*X* 格式填写）为必填项；公用单元的设备参数包括风量、日处理量，燃料用量、蒸汽量、功率等；

④产品名称：指相应工艺中主要产品名称。

⑤～⑥设计产能和计量单位：指相应工艺中主要产品设计产能及其计量单位。设计产能在不同工艺间需注意衔接，需标明是否为承接前段工艺的产能，如有委外加工、半成品加工等产能的变化，需在备注中说明。

5.3.3 排污单位登记信息—主要原辅材料及燃料

主要原辅材料及燃料信息填报内容如表 5-3 所示。

表 5-3　主要原辅材料及燃料信息表

序号	生产单元	种类①	名称②	年设计使用量	年设计使用量计量单位	物质成分	成分占比③	其他信息
原料及辅料								
1	印染单元	辅料	分散黑（液）染料	11 476	kg	—	—	含水 17%，分散剂 3%
		辅料	分散黑染料	7 711	kg	—	—	—
		辅料	分散红染料	1 070	kg	—	—	—
		辅料	分散黄染料	1 635	kg	—	—	—
		辅料	分散蓝染料	2 818	kg	—	—	—
		辅料	酸性黑染料	759	kg	—	—	—
		辅料	酸性红染料	96	kg	—	—	—
		辅料	酸性黄染料	178	kg	—	—	—
		辅料	酸性蓝染料	163	kg		—	—
		辅料	成品油剂	19 031	kg	—	—	—
		辅料	碱剂—烧碱	20 127	kg		—	—
		辅料	硫酸铵	1 000	kg	—	—	—
		辅料	酸剂—乙酸	18 145	kg	—		含水 62%
		辅料	整理剂—防日晒剂	689	kg	—	—	—
		辅料	整理剂—交联剂	1 985	kg	—	—	含水 50%
		辅料	整理剂—抗静电整理剂	1 217	kg	—	—	—
		辅料	整理剂—扩散剂	920	kg	—	—	—
		辅料	助剂—还原剂	21 491	kg	—	—	—
		辅料	助剂—均染剂	33 592	kg	—	—	—
		辅料	助剂—润湿剂	67 625	kg	—	—	—
		辅料	助剂—洗涤剂	19 633	kg	—	—	—
		辅料	助剂—洗缸剂	5 236	kg	—	—	—
		辅料	助剂—消泡剂	1 091	kg	—	—	—
		原料	纱	1 000	t	锑	0.038	涤纶纱
		原料	水	90 000	t	—	—	回用量 10%

序号	生产单元	种类①	名称②	年设计使用量	年设计使用量计量单位	物质成分	成分占比③	其他信息
2	印染单元	辅料	分散蓝染料	2 818	kg	—	—	—
		辅料	酸性黑染料	759	kg	—	—	—
		辅料	胶水	50	kg	—	—	—
		辅料	整理剂—防皱整理剂	18	kg	—	—	—
		原料	织带	400	t	锑	0.025	涤纶织带
		原料	水	38 000	t	—	—	回用量10%

燃料④

序号	燃料名称	灰分/%	硫分/%	挥发分/%	热值/（MJ/kg、MJ/m³）	年设计使用量/（万 t/a、万 m³/a）	其他信息
1	天然气	—	—	—			含硫量20 mg/m³

注：1. ①种类：指材料种类，选填“原料”或“辅料”。

②名称：指原料、辅料名称。若使用的原辅材料不在系统列明的选项中，需在其他选项中自定义填报。

③成分占比：指有毒有害物质或元素，及其在原料或辅料中的成分占比。例如，含铬或其他重金属元素的染料需在其他信息中注明铬等重金属含量；涤纶化纤类原料需注明锑元素含量等。

④ 燃料信息填写：燃煤及生物质燃料应填报灰分、硫分、挥发分、热值信息；燃油应填报硫分、挥发分、热值信息，燃料中对于启动用燃油也应在此填报；天然气应填报硫分、挥发分、热值信息，天然气的硫分可在其他信息栏中填写含硫浓度（mg/m³）。

2. 设计表格中无法囊括的信息，可根据实际情况填写在“其他信息”一列中。

5.3.4 排污单位登记信息—生产工艺流程图及生产厂区总平面布置图

生产工艺流程如图 5-2 及图 5-3 所示，注意事项如下：

（1）应至少包括主要生产设施（设备）、主要原辅燃料的流向、生产工艺流程等内容。

（2）可上传文件格式应为图片格式，包括 jpg、jpeg、gif、bmp、png，附件大小不能超过 50 M，图片分辨率不能低于 72 dpi，可上传多张图片。

生产厂区总平面布置如图 5-4 所示，注意事项如下：

（1）应至少包括主体设施、公辅设施（锅炉、软化水等）、污水处理设施、污水总排口、雨水总排口等内容，同时注明厂区运输路线等。

（2）可上传文件格式应为图片格式，包括 jpg、jpeg、gif、bmp、png，附件大小不能超过 50 M，图片分辨率不能低于 72 dpi，可上传多张图片。

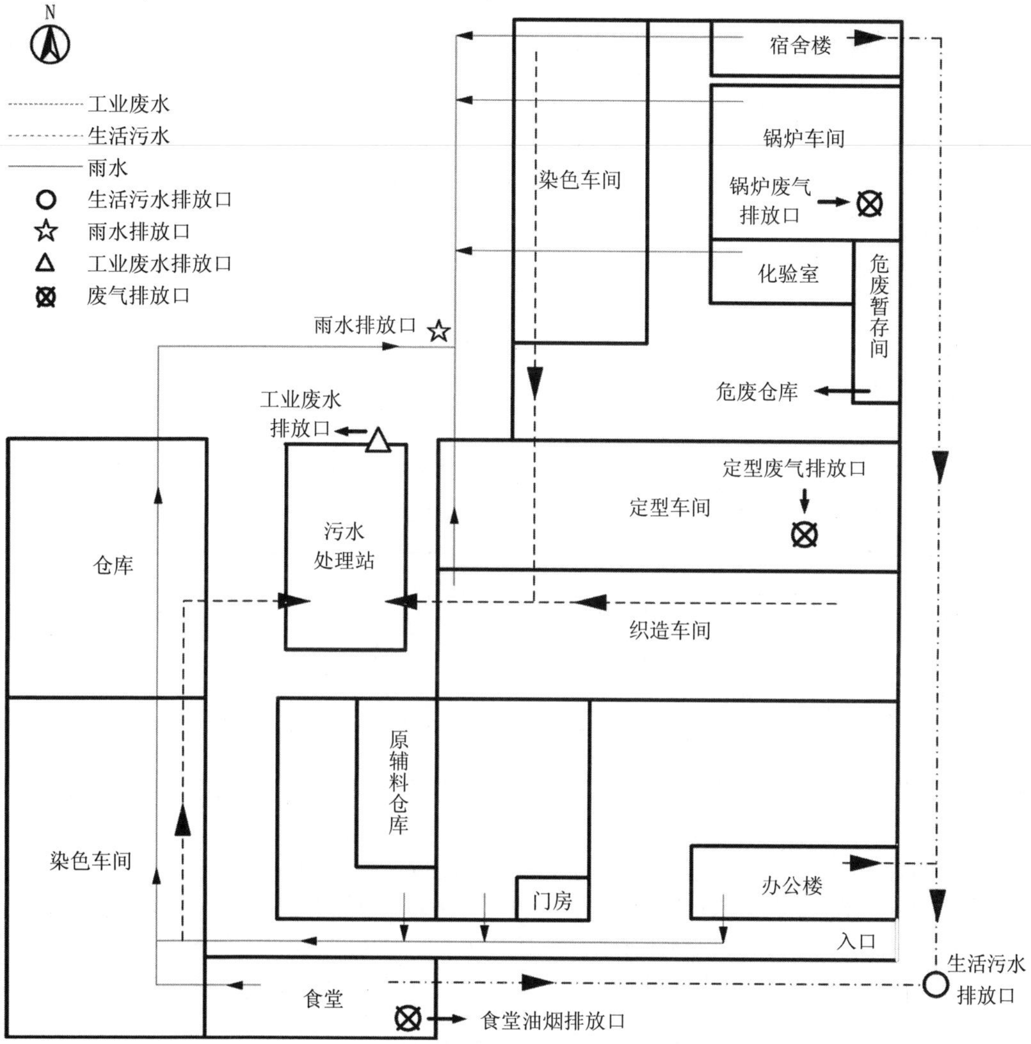

图 5-4　生产厂区总平面布置图

5.3.5　排污单位登记信息—产排污节点、污染物及污染治理设施

（1）废气

废气产排污节点、污染物及污染治理设施信息填报内容如表 5-4 所示。

表 5-4 废气产排污节点、污染物及污染治理设施信息表

序号	生产设施编号	生产设施名称①	对应产污环节名称②	污染物种类③	排放形式④	污染治理设施					有组织排放口编号⑥	有组织排放口名称	排放口设置是否符合要求⑦	排放口类型⑧	其他信息
						污染治理设施编号	污染治理设施名称⑤	污染治理设施工艺	是否为可行技术	污染治理设施其他信息					
1	CY-01	厨房油烟净化	厨房	油烟	有组织	TA001	油烟处理设施	静电除油烟	是	—	DA001	厨房排气筒	是	一般排放口	—
2	GL-01	燃气锅炉	锅炉	颗粒物、二氧化硫、氮氧化物、林格曼黑度	有组织	—	—	—	—	—	DA002	锅炉排气筒	是	主要排放口	—
3	DX-01	定型设施	定型工段	非甲烷总烃、颗粒物	有组织	TA002	定型废气处理设施	喷淋+静电	是	—	DA003	定型排气筒	是	一般排放口	—
4	GJ-01	过胶机	定型工段	非甲烷总烃、颗粒物	有组织	TA004	过胶废气处理设施	吸附	是	—	DA004	过胶排气筒	是	一般排放口	—

注：1. ① 生产设施名称：指主要生产设施。

② 对应产污环节名称：指生产设施对应的主要产污环节。

③ 污染物种类：指产生的主要污染物类型，以相应排放标准中确定的污染因子为准。

④ 排放形式：指有组织排放或无组织排放。纺织印染工业排污单位有组织排放源和污染物项目按《规范》中表 4 执行，锅炉、印花设施（蒸化、静电植绒、数码印花、转移印花等产生废气的重点工段）、定型设施、涂层设施工段按废气有组织排放管控。

⑤ 污染治理设施名称：对于有组织废气，污染治理设施及工艺名称包括喷淋洗涤、吸附、生物净化、吸附—冷凝回收、吸附—催化燃烧。对于纺织印染工业排污单位中无组织废气的治理设施可分别填写收集与处理工艺，且在备注栏中注明收集方式，包括“局部密闭罩+收集”“整体密闭罩+收集”“大容积密闭罩+收集”“车间密闭+收集”等。污染治理设施名称除上述工艺外，还包括布袋除尘、旋风除尘、静电除尘、生物法及其他工艺。餐饮油烟废气处理工艺为静电除油等。

⑥ 有组织排放口编号：填写已有在线监测排放口编号或执法监测使用编号，若无相关编号可按照《固定污染源（水、大气）编码规则（试行）》中的排放口编码规则由排污单位自行编制，如 DA001 等。

⑦ 排放口设置是否符合要求：排放口设置是否符合排污口规范化整治技术要求等相关文件的规定，请参照《排污口规范化整治技术要求（试行）》（环监〔1996〕470 号），以及相应的地方技术规范，如《上海市污水排放口设置技术规范（试行）》等。

⑧ 排放口类型：纺织印染工业排污单位排放的废气中，锅炉废气为主要排放口，其余的有组织废气均为一般排放口。

2. 若地方法规有更高管控标准，需从严管控。

（2）废水

废水类别、污染物及污染治理设施信息填报如表 5-5 所示。

表 5-5 废水类别、污染物及污染治理设施信息表

序号	废水类别①	产污环节	污染物种类②	排放去向③	排放规律④	污染治理设施					排放口编号⑥	排放口名称	排放口设置是否符合要求⑦	排放口类型	其他信息
						污染治理设施编号	污染治理设施名称⑤	污染治理设施工艺	是否为可行技术	污染治理设施其他信息					
1	印染废水，初期雨水，循环冷却水	染色、整理、精练	化学需氧量、氨氮（NH_3-N）、总氮（以 N 计）、总磷（以 P 计）、苯胺类、pH、五日生化需氧量、色度、悬浮物、总锑、硫化物	进入城市污水处理厂	间断排放，排放期间流量稳定	TW001	印染废水处理设施	一级处理设施—中和调节，一级处理设施—气浮，一级处理设施—混凝，二级处理设施—厌氧生物法，二级处理设施—好氧生物法，一级处理设施—沉淀及其他，深度处理设施—滤池，深度处理设施—高级氧化	是	设计处理量 300 m^3/d	DW001	总排放口	是	主要排放口	—
2	生活污水	食堂、办公室	化学需氧量、氨氮（NH_3-N）、总氮（以 N 计）、总磷（以 P 计）、pH、悬浮物、五日生化需氧量、pH、色度	进入城市污水处理厂	连续排放，流量不稳定，但有周期性规律	—	—	—	—	—	DW002	生活污水排放口	是	一般排放口	—

注：1. ① 废水类别：指产生废水的工艺、工序，或废水类型的名称。除工艺废水外，生活污水、初期雨水、循环冷却水排污水不应遗漏；

② 污染物种类：指产生的主要污染物类型，以相应排放标准中确定的污染因子为准；

③ 排放去向：包括不外排；排至厂内综合污水处理站；直接进入海域；直接进入江河、湖、库等水环境；进入城市下水道（再入江河、湖、库）；进入城市下水道（再入沿海海域）；进入城市污水处理厂；直接进入污灌农田；进入地渗或蒸发地；进入其他单位；工业废水集中处理厂；其他（包括回喷、回填、回灌、回用等）。对于工艺、工序产生的废水，“不外排”指全部在工序内部循环使用，“排至厂内综合污水处理站”指工序废水经处理后排至综合处理站。对于综合污水处理站，“不外排”指全厂废水经处理后全部回用不排放；

④ 排放规律：包括连续排放，流量稳定；连续排放，流量不稳定，但有周期性规律；连续排放，流量不稳定，但有规律，且不属于周期性规律；连续排放，流量不稳定，属于冲击型排放；连续排放，流量不稳定且无规律，但不属于冲击型排放；间断排放，排放期间流量稳定；间断排放，排放期间流量不稳定，但有周期性规律；间断排放，排放期间流量不稳定，但有规律，且不属于非周期性规律；间断排放，排放期间流量不稳定，属于冲击型排放；间断排放，排放期间流量不稳定且无规律，但不属于冲击型排放；

⑤ 污染治理设施名称：指主要污水处理设施名称，如“印染废水处理设施”“综合污水处理设施”“公用污水处理系统（指生活污水）”“含铬废水处理设施”等；

⑥ 排放口编号：排放口编号可按地方生态环境主管部门现有编号进行填写或由排污单位根据国家相关规范进行编制；

⑦ 排放口设置是否符合要求：指排放口设置是否符合排污口规范化整治技术要求等相关文件的规定。

2. 所有信息需按《规范》中表 1 进行填报。

5.3.6 大气污染物排放—排放口

（1）大气排放口基本情况

大气排放口基本情况填报内容如表 5-6 所示。

表 5-6 大气排放口基本情况表

序号	排放口编号	污染物种类	排放口地理坐标[①]		排气筒高度/m	排气筒出口内径/m[②]	其他信息
			经度	纬度			
1	DA001	油烟	121°××′××″	31°××′××″	15	1	
2	DA002	颗粒物、SO_2、NO_x、林格曼黑度	121°××′××″	31°××′××″	8	0.4	
3	DA003	非甲烷总烃、颗粒物	121°××′××″	31°××′××″	15	0.4	
4	DA004	非甲烷总烃、颗粒物	121°××′××″	31°××′××″	15	0.4	

注：1. ① 排放口地理坐标：指排气筒所在地经纬度坐标，可通过点击“选择”按钮在 GIS 地图中点选后自动生成。具体操作可参照排污单位基本信息中生产经营场所中心经纬度的填写方法。

② 排气筒出口内径：对于不规则形状排气筒，填写等效内径。

2. 若有本表格无法囊括的信息，可根据实际情况填写在“其他信息”一列中。

（2）废气污染物排放执行标准

废气污染物排放执行标准情况填报如表 5-7 所示。

表 5-7 废气污染物排放执行标准表

序号	排放口编号	污染物种类	国家或地方污染物排放标准[①]			环境影响评价批复要求[②]	承诺更加严格排放限值[③]	其他信息
			名称	浓度限值/（mg/m^3）	速率限值/（kg/h）			
1	DA001	油烟	《饮食业油烟排放标准》（GB 18483—2001）	1	0.003	1.0 mg/m^3	—	—
2	DA002	SO_2	《锅炉大气污染物排放标准》（GB 13271—2014）	200	—	—	—	—
3	DA002	NO_x	《锅炉大气污染物排放标准》（GB 13271—2014）	200	—	—	—	—
4	DA002	林格曼黑度	《锅炉大气污染物排放标准》（GB 13271—2014）	1	—	—	—	—

序号	排放口编号	污染物种类	国家或地方污染物排放标准①			环境影响评价批复要求②	承诺更加严格排放限值③	其他信息
			名称	浓度限值/（mg/m^3）	速率限值/（kg/h）			
5	DA002	颗粒物	《锅炉大气污染物排放标准》（GB 13271—2014）	30	—	—	—	—
6	DA003	非甲烷总烃	《大气污染物综合排放标准》（GB 16297—1996）	120	10	—	—	—
7	DA003	颗粒物	《大气污染物综合排放标准》（GB 16297—1996）	120	3.5	—	—	—
8	DA004	非甲烷总烃	《大气污染物综合排放标准》（GB 16297—1996）	120	10	—	—	—
9	DA004	颗粒物	《大气污染物综合排放标准》（GB 16297—1996）	120	3.5	—	—	—

注：1. ① 国家或地方污染物排放标准：指对应排放口须执行的国家或地方污染物排放标准的名称、编号及浓度限值。本案例企业位于上海市，主要排放口、一般排放口的浓度限值从严执行上海市地方标准"《大气污染物综合排放标准》（DB 31/933—2015）、《锅炉大气污染物排放标准》（DB 31/387—2014）、《餐饮业油烟排放标准》（DB 31/844—2014）"；

② 环境影响评价批复要求：新增污染物必填；

③ 鼓励排污单位承诺更加严格排放限值。

2. 排污单位的部分设施如采用燃气直燃加热，当燃烧废气单独排放时，颗粒物、二氧化硫、氮氧化物浓度按相关排放标准进行浓度许可及总量许可。

5.3.7 大气污染物排放—有组织排放信息

大气污染物有组织排放填报内容如表 5-8 所示。

表 5-8　大气污染物有组织排放表

序号	排放口编号	污染物种类	申请许可排放浓度限值/（mg/m^3）	申请许可排放速率限值/（kg/h）	申请年许可排放量限值/（t/a）					申请特殊排放浓度限值/（mg/m^3）	申请特殊时段许可排放量限值
					第 1 年	第 2 年	第 3 年	第 4 年	第 5 年		
主要排放口											
1	DA002	林格曼黑度	1	—	—	—	—	—	—	—	—
2	DA002	NO_x	150	—	3.419	3.419	3.419	—	—	—	—

序号	排放口编号	污染物种类	申请许可排放浓度限值/（mg/m^3）	申请许可排放速率限值/（kg/h）	申请年许可排放量限值/（t/a）					申请特殊排放浓度限值/（mg/m^3）	申请特殊时段许可排放量限值
					第 1 年	第 2 年	第 3 年	第 4 年	第 5 年		
3	DA002	SO_2	20	—	3.419	3.419	3.419	—	—	—	—
4	DA002	颗粒物	20	—	0.512	0.512	0.512	—	—	—	—
主要排放口合计		颗粒物			0.512	0.512	0.512	—	—	—	—
		SO_2			3.419	3.419	3.419	—	—	—	—
		NO_x			3.419	3.419	3.419	—	—	—	—
		VOCs			—	—	—	—	—	—	—
一般排放口											
1	DA001	油烟	1	0.003	—	—	—	—	—	—	—
2	DA003	非甲烷总烃	120	10	—	—	—	—	—	—	—
3	DA003	颗粒物	120	3.5	—	—	—	—	—	—	—
4	DA004	非甲烷总烃	120	10	—	—	—	—	—	—	—
5	DA004	颗粒物	120	3.5	—	—	—	—	—	—	—
一般排放口合计		颗粒物			—	—	—	—	—	—	—
		SO_2			—	—	—	—	—	—	—
		NO_x			—	—	—	—	—	—	—
		VOCs			—	—	—	—	—	—	—
全厂有组织排放总计											
全厂有组织排放总计		颗粒物			0.512	0.512	0.512	—	—		
		SO_2			3.419	3.419	3.419	—	—		
		NO_x			3.419	3.419	3.419	—	—		
		VOCs				—	—	—	—		

注：1. 申请特殊时段许可排放量限值：指地方政府制定的环境质量限期达标规划、重污染天气应对措施中对排污单位有更加严格的排放控制要求，无要求填“—”。

2. 默认的许可排放浓度和速率限值为排放标准中的限值。

3. 废气排放口分为主要排放口和一般排放口。纺织印染工业排污单位锅炉为主要排放口，其他排气筒为一般排放口。

4. 排放量限值先填 3 年，由已有的总量指标与按《规范》计算的结果从严取值。

5. 2015 年 1 月 1 日（含）后取得环评批复的排污单位，均应结合环评批复从严取值。

6. 全厂有组织排放总计：指的是主要排放口与一般排放口之和，系统将自动进行加和。

5.3.8 大气污染物排放—无组织排放信息

大气污染物无组织排放填报内容如表 5-9 所示。

表 5-9 大气污染物无组织排放表

序号	无组织排放编号	产污环节	污染物种类	主要污染防治措施	国家或地方污染物排放标准		其他信息	年许可排放量限值/（t/a）					申请特殊时段许可排放量限值
					名称	浓度限值/（mg/m^3）		第 1 年	第 2 年	第 3 年	第 4 年	第 5 年	
1	RM001	储运系统	颗粒物	减缓措施	《大气污染物综合排放标准》（GB 16297—1996）	1	—	—	—	—	—	—	—
2	WS001	污水处理设施	氨（氨气）	—	《恶臭污染物排放标准》（GB 14554—1993）	1.5	—	—	—	—	—	—	—
3	WS001	污水处理设施	臭气浓度	—	《恶臭污染物排放标准》（GB 14554—1993）	20	—	—	—	—	—	—	—
4	WS001	污水处理设施	硫化氢	—	《恶臭污染物排放标准》（GB 14554—1993）	0.06	—	—	—	—	—	—	—
全厂无组织排放总计													
全厂无组织排放总计			颗粒物				—	—	—	—	—	—	—
			SO_2				—	—	—	—	—	—	—
			NO_x				—	—	—	—	—	—	—
			VOCs				—	—	—	—	—	—	—

注：1.《规范》中表 2 中所列无组织排放工段，需进行有效收集处理后，作为有组织排放进行监管。
2. 若有本表格中无法囊括的信息，可根据实际情况填写在“其他信息”一列中。
3. 全厂无组织排放总计为系统根据产污环节填写内容加和计算，可按照排污单位实际情况进行核对与修改。

5.3.9 大气污染物排放—企业大气污染物排放总许可量

企业大气污染物排放总许可量填报内容如表 5-10 所示。

表 5-10 企业大气污染物排放总许可量

序号	污染物种类	第 1 年/（t/a）	第 2 年/（t/a）	第 3 年/（t/a）	第 4 年/（t/a）	第 5 年/（t/a）
1	颗粒物	0.512	0.512	0.512	—	—
2	SO_2	3.419	3.419	3.419	—	—
3	NO_x	3.419	3.419	3.419	—	—
4	VOCs	—	—	—	—	—

注：1. 纺织印染工业排污单位“全厂有组织排放总计”即为“有组织排放总计”，“无组织排放”不许可总量。
2. 全厂有组织排放总计、无组织排放总计、全厂合计均系统自动计算。无许可量要求的默认为“—”。

5.3.10　水污染物排放—排放口

（1）废水直接排放口

表 5-11 为废水直接排放至地表水体的情况统计，本案例企业为间接排放，故不填写此表。

表 5-11　废水直接排放口基本情况表

序号	排放口编号	排放口地理坐标①		排放去向	排放规律	间歇排放时段	受纳自然水体信息		汇入受纳自然水体处地理坐标④		其他信息
		经度	纬度				名称②	受纳水体功能目标③	经度	纬度	
							—				

注：1. ① 排放口地理坐标：对于直接排放至地表水体的排放口，指废水排出厂界处经纬度坐标。若企业排放车间或车间处理设施排放口管控的污染物（如六价铬等），纳入管控的车间或车间处理设施排放口信息将自动带入此表进行统计，排放口地理坐标指废水排出车间或车间处理设施边界处经纬度坐标；可通过点击“选择”按钮在 GIS 地图中点选后自动生成；

② 受纳自然水体名称：指受纳水体的名称等；

③ 受纳自然水体功能目标：指对于直接排放至地表水体的排放口，其所处受纳水体功能类别，如Ⅲ类、Ⅳ类、Ⅴ类等；

④ 汇入受纳自然水体处地理坐标：对于直接排放至地表水体的排放口，指废水汇入地表水体处经纬度坐标；可通过点击“选择”按钮在 GIS 地图中点选后自动生成。

2. 若有本表格中无法囊括的信息，可根据实际情况填写在“其他信息”一列中。

（2）废水间接排放口

表 5-12 为废水间接排放口基本情况，其中污染物排放标准浓度限值为受纳污水处理厂排放浓度标准。

表 5-12　废水间接排放口基本情况表

序号	排放口编号	排放口地理坐标①		排放去向	排放规律	间歇排放时段	受纳污水处理厂信息		
		经度	纬度				名称②	污染物种类	国家或地方污染物排放标准浓度限值/（mg/L）
1	DW001	121°××′××″	31°××′××″	进入城市污水处理厂	间断排放，排放期间流量稳定	24 h	××污水处理厂	pH	6～9
	DW001	121°××′××″	31°××′××″	进入城市污水处理厂	间断排放，排放期间流量稳定	24 h	××污水处理厂	色度	30

序号	排放口编号	排放口地理坐标①		排放去向	排放规律	间歇排放时段	受纳污水处理厂信息		
		经度	纬度				名称②	污染物种类	国家或地方污染物排放标准浓度限值/（mg/L）
1	DW001	121°××′××″	31°××′××″	进入城市污水处理厂	间断排放，排放期间流量稳定	24 h	××污水处理厂	化学需氧量	60
	DW001	121°××′××″	31°××′××″	进入城市污水处理厂	间断排放，排放期间流量稳定	24 h	××污水处理厂	五日生化需氧量	20
	DW001	121°××′××″	31°××′××″	进入城市污水处理厂	间断排放，排放期间流量稳定	24 h	××污水处理厂	悬浮物	20
	DW001	121°××′××″	31°××′××″	进入城市污水处理厂	间断排放，排放期间流量稳定	24 h	××污水处理厂	氨氮（NH_3-N）	8
	DW001	121°××′××″	31°××′××″	进入城市污水处理厂	间断排放，排放期间流量稳定	24 h	××污水处理厂	总氮（以N计）	20
	DW001	121°××′××″	31°××′××″	进入城市污水处理厂	间断排放，排放期间流量稳定	24 h	××污水处理厂	总磷（以P计）	1
2	DW002	121°××′××″	31°××′××″	进入城市污水处理厂	连续排放，流量不稳定，但有周期性规律	24 h	××污水处理厂	—	—

注：① 排放口地理坐标：对于排至厂外城镇或工业污水集中处理设施的排放口，指废水排出厂界处的经纬度坐标；可通过点击“选择”按钮在 GIS 地图中点选后自动生成；

② 受纳污水处理厂名称：指厂外城镇或工业污水集中处理设施名称，如松江东部污水处理厂、白龙港污水处理厂等。

（3）雨水排放口

表 5-13 为雨水排放口基本情况。

表 5-13 雨水排放口基本情况表

序号	排放口编号	排放口名称	排放口地理坐标		排放去向	排放规律	间歇排放时段	受纳自然水体信息		汇入受纳自然水体处地理坐标		其他信息
			经度	纬度				名称	受纳水体功能目标	经度	纬度	
1	DW003	雨水排放口	121°××′	30°××′	进入城市下水道（再入江河、湖、水库）	间断排放，排放期间流量不稳定且无规律，但不属于冲击型排放	雨期排放	××河	V类	121°××′	30°××′	

（4）废水污染物执行标准

表 5-14 的填报内容为企业排放口执行的污染物排放浓度限值。

表 5-14 废水污染物排放执行标准表

序号	排放口编号	污染物种类	国家或地方污染物排放标准①		其他信息②
			名称	浓度限值/（mg/L）	
1	DW001	化学需氧量	《纺织染整工业水污染物排放标准》（GB 4287—2012）	80	—
2	DW001	苯胺类	《纺织染整工业水污染物排放标准》（GB 4287—2012）	1	—
3	DW001	悬浮物	《纺织染整工业水污染物排放标准》（GB 4287—2012）	50	—
4	DW001	硫化物	《纺织染整工业水污染物排放标准》（GB 4287—2012）	—	不得检出
5	DW001	pH	《纺织染整工业水污染物排放标准》（GB 4287—2012）	6～9	—
6	DW001	氨氮（NH_3-N）	《纺织染整工业水污染物排放标准》（GB 4287—2012）	10	—
7	DW001	总氮（以 N 计）	《纺织染整工业水污染物排放标准》（GB 4287—2012）	15	—
8	DW001	总磷（以 P 计）	《纺织染整工业水污染物排放标准》（GB 4287—2012）	0.5	—
9	DW001	色度	《纺织染整工业水污染物排放标准》（GB 4287—2012）	50	—
10	DW001	总锑	《纺织染整工业水污染物排放标准》（GB 4287—2012）	0.1	—
11	DW001	五日生化需氧量	《纺织染整工业水污染物排放标准》（GB 4287—2012）	20	—
12	DW002	总磷（以 P 计）	《污水综合排放标准》（GB 8978—1996）	0.5	—
13	DW002	五日生化需氧量	《污水综合排放标准》（GB 8978—1996）	20	—
14	DW002	总氮（以 N 计）	《污水综合排放标准》（GB 8978—1996）	35	—
15	DW002	色度	《污水综合排放标准》（GB 8978—1996）	50	—
16	DW002	氨氮（NH_3-N）	《污水综合排放标准》（GB 8978—1996）	15	—
17	DW002	化学需氧量	《污水综合排放标准》（GB 8978—1996）	100	—
18	DW002	悬浮物	《污水综合排放标准》（GB 8978—1996）	70	—
19	DW002	pH	《污水综合排放标准》（GB 8978—1996）	6～9	—

注：① 国家或地方污染物排放标准：指对应排放口须执行的国家或地方污染物排放标准的名称及浓度限值。根据《规范》要求，纺织印染工业排污单位水污染物许可排放浓度限值按照行业标准或综合排放标准确定，地方有更严格的排放标准要求的，按照地方排放标准从严确定。例如，案例企业位于上海市，生活污水排放口执行管控更为严格的上海市地方标准《污水综合排放标准》（DB 31/199—2009）；

② 若有本表中无法囊括的信息，可根据实际情况填写在“其他信息”一列中。

5.3.11 水污染物排放—申请排放信息

表 5-15 填报内容为废水污染物排放的申请排放浓度限值及年排放总量。

表 5-15 废水污染物申请排放表

序号	排放口编号	污染物种类	申请排放浓度限值/（mg/L）	申请年排放量限值/（t/a）					申请特殊时段排放量限值
				第 1 年	第 2 年	第 3 年	第 4 年	第 5 年	
主要排放口									
1	DW001	苯胺类	1	—	—	—	—	—	—
2	DW001	化学需氧量	80	8.0	8.0	8.0	—	—	—
3	DW001	色度	50	—	—	—	—	—	—
4	DW001	五日生化需氧量	20	—	—	—	—	—	—
5	DW001	总磷（以 P 计）	0.5	0.05	0.05	0.05	—	—	—
6	DW001	pH	6～9	—	—	—	—	—	—
7	DW001	总锑	0.1	—	—	—	—	—	—
8	DW001	氨氮（NH_3-N）	10	1.0	1.0	1.0	—	—	—
9	DW001	总氮（以 N 计）	15	1.5	1.5	1.5	—	—	—
10	DW001	硫化物	—	—	—	—	—	—	—
11	DW001	悬浮物	50	—	—	—	—	—	—
主要排放口合计		总氮（以 N 计）		1.5	1.5	1.5	—	—	—
		总磷（以 P 计）		0.05	0.05	0.05	—	—	—
		COD_{Cr}		8.0	8.0	8.0	—	—	—
		氨氮		1.0	1.0	1.0	—	—	—
一般排放口									
1	DW002	总磷（以 P 计）	0.5	—	—	—	—	—	—
2	DW002	五日生化需氧量	20	—	—	—	—	—	—
3	DW002	化学需氧量	100	—	—	—	—	—	—
4	DW002	悬浮物	70	—	—	—	—	—	—
5	DW002	氨氮（NH_3-N）	15	—	—	—	—	—	—
6	DW002	色度	50	—	—	—	—	—	—
7	DW002	总氮（以 N 计）	35	—	—	—	—	—	—
8	DW002	pH	6～9	—	—	—	—	—	—
设施或车间废水排放口									
—									
全厂排放口									
全厂排放口总计		总氮（以 N 计）		1.5	1.5	1.5	—	—	—
		总磷（以 P 计）		0.05	0.05	0.05	—	—	—
		COD_{Cr}		8.0	8.0	8.0	—	—	—
		氨氮		1.0	1.0	1.0	—	—	—

序号	排放口编号	污染物种类	申请排放浓度限值/（mg/L）	申请年排放量限值/（t/a）					申请特殊时段排放量限值
				第 1 年	第 2 年	第 3 年	第 4 年	第 5 年	
主要排放口备注信息									
项目生产废水污染物总量通过××街道获得，生产废水排放量≤10 万 t/a。									
一般排放口备注信息									
—									
设施或车间废水排放口备注信息									
—									
全厂排放口备注信息									
—									

注：1. 申请排放信息：包括主要排放口、一般排放口、设施或车间废水排放口、全厂排放口总计、申请年排放量限值计算过程（包括方法、公式、参数选取过程以及计算结果的描述等内容）。
2. 单独排入城镇集中污水处理设施的生活污水无须申请许可排放量。

5.3.12 噪声排放信息

噪声排放信息填报内容如表 5-16 所示。

表 5-16 噪声排放信息表

噪声类别	生产时段		执行排放标准名称	厂界噪声排放限值		备注
	昼间	夜间		昼间/dB（A）	夜间/dB（A）	
稳态噪声	6:00 至 22:00	22:00 至次日 6:00	《工业企业厂界环境噪声排放标准》（GB 12348—2008）	65	55	东、南、北厂界
稳态噪声	6:00 至 22:00	22:00 至次日 6:00	《工业企业厂界环境噪声排放标准》（GB 12348—2008）	60	50	西厂界
频发噪声	6:00 至 22:00	22:00 至次日 6:00	《工业企业厂界环境噪声排放标准》（GB 12348—2008）	—	10	厂界
偶发噪声	6:00 至 22:00	22:00 至次日 6:00	《工业企业厂界环境噪声排放标准》（GB 12348—2008）	—	15	厂界

5.3.13 固体废物排放信息

固体废物排放信息填报内容如表 5-17 所示。

5.3.14 环境管理要求—自行监测

自行监测及记录信息填报内容如表 5-18 所示。

表 5-17 固体废物排放信息表

固体废物排放信息

序号	固体废物来源	固体废物名称	固体废物种类	固体废物类别	固体废物描述	固体废物产生量/（t/a）	处理方式	处理去向						其他信息
								自行贮存量	自行利用/（t/a）	自行处置/（t/a）	转移量/（t/a）		排放量/（t/a）	
											委托利用量	委托处理量		
1	公用单元	污泥	其他固体废物（含半液态、液态废物）	一般工业固体废物	半固态	70.4	委托处置	0	0	0	0	70.4	0	
2	公用单元	生活垃圾	其他固体废物（含半液态、液态废物）	生活垃圾	固态	70	自行处置	0	0	70	0	0	0	
3	印染单元	染料及助剂包装	危险废物	危险废物	固态	0.2	委托处置	0	0	0	0	0.2	0	
4	织造单元	废机油	危险废物	危险废物	液体	2.8	自行利用、委托处置	0	0.8	0	0	2.0	0	
5	织造单元	一般包装	其他固体废物（含半液态、液态废物）	一般工业固体废物	固态	75	自行利用、自行处置	0	15	60	0	0	0	

委托利用、委托处置

序号	固体废物来源	固体废物名称	固体废物类别	委托单位名称	危险废物利用和处置单位危险废物经营许可证编号
1	公用单元	污泥	一般工业固体废物	××固废处置有限公司	××××××××
2	印染单元	染料及助剂包装	危险废物	××固废处置有限公司	××××××××
3	织造单元	废机油	危险废物	××固废处置有限公司	××××××××
4	织造单元	一般包装	一般工业固体废物	××固废处置有限公司	××××××××

自行处置

序号	固体废物来源	固体废物名称	固体废物类别	执行处置描述
1	公用单元	生活垃圾	其他固体废物（含半液态、液态废物）	按生活垃圾指定地点堆放

表 5-18 自行监测及记录信息表

序号	污染源类别	排放口编号	监测内容[①]	污染物名称	监测设施	自动监测是否联网	自动监测仪器名称	自动监测设施安装位置	自动监测设施是否符合安装、运行、维护等管理要求	手工监测采样方法及个数[②]	手工监测频次[③]	手工测定方法[④]	其他信息
1	废水	DW001	流量	苯胺类	手工					瞬时采样，至少 3 个瞬时样	1 次/季	《水质 苯胺类化合物的测定 *N*-（1-萘基）乙二胺偶氮分光光度法》（GB/T 11889—1989）	
2		DW001	流量	硫化物	手工					瞬时采样，至少 3 个瞬时样	1 次/季	《水质 硫化物的测定 碘量法》（HJ/T 60—2000）	
3		DW001	流量	五日生化需氧量	手工					瞬时采样，至少 3 个瞬时样	1 次/月	《水质 五日生化需氧量（BOD_5）的测定 稀释与接种法》（HJ 505—2009）	
4		DW001	流量	pH	自动	是	—	—	是	瞬时采样，至少 3 个瞬时样	1 次/班	《水质 pH 值的测定 玻璃电极法》（GB 6920—1986）	自动监测故障期间，监测频次每天不少于 4 次，间隔不小于 6 h
5		DW001	流量	总锑	手工					混合采样，至少 3 个混合样	1 次/半年	《水质 汞、砷、硒、铋和锑的测定 原子荧光法》（HJ 694—2014）	
6		DW001	流量	悬浮物	手工					瞬时采样，至少 3 个瞬时样	1 次/周	（水质 悬浮物的测定 重量法）（GB 11901—1989）	

序号	污染源类别	排放口编号	监测内容[①]	污染物名称	监测设施	自动监测是否联网	自动监测仪器名称	自动监测设施安装位置	自动监测设施是否符合安装、运行、维护等管理要求	手工监测采样方法及个数[②]	手工监测频次[③]	手工测定方法[④]	其他信息
7	废水	DW001	流量	化学需氧量	自动	是	—	—	是	瞬时采样，至少3个瞬时样	1次/班	《水质 化学需氧量的测定 重铬酸盐法》（GB 11914—1989）	自动监测故障期间，监测频次每天不少于4次，间隔不小于6 h
8	废水	DW001	流量	总磷（以P计）	手工					混合采样，至少3个混合样	1次/d	《水质 总磷的测定 钼酸铵分光光度法》（GB 11893—1989）	
9	废水	DW001	流量	总氮（以N计）	手工					混合采样，至少3个混合样	1次/d	《水质 总氮的测定 碱性过硫酸钾消解紫外分光光度法》（HJ 636—2012）	
10	废水	DW001	流量	色度	自动	是	—	—	是	混合采样，至少3个混合样	1次/周	《水质 色度的测定》（GB 11903—89）	
11	废水	DW001	流量	氨氮（NH_3-N）	自动	是	—	—	是	混合采样，至少3个混合样	1次/班	《水质 氨氮的测定 纳氏试剂分光光度法》（HJ 535—2009）	自动监测故障期间，监测频次每天不少于4次，间隔不小于6 h
12	废水	DW002	流量	pH	手工					瞬时采样，至少3个瞬时样	1次/d	《水质 pH值的测定 玻璃电极法》（GB 6920—1986）	—
13	废水	DW002	流量	化学需氧量	手工					瞬时采样，至少3个瞬时样	1次/d	《水质 化学需氧量的测定 重铬酸盐法》（GB 11914—1989）	—
14	废水	DW002	流量	氨氮（NH_3-N）	手工					混合采样，至少3个混合样	1次/d	《水质 氨氮的测定 纳氏试剂分光光度法》（HJ 535—2009）	—

序号	污染源类别	排放口编号	监测内容[①]	污染物名称	监测设施	自动监测是否联网	自动监测仪器名称	自动监测设施安装位置	自动监测设施是否符合安装、运行、维护等管理要求	手工监测采样方法及个数[②]	手工监测频次[③]	手工测定方法[④]	其他信息
15	废水	DW002	流量	总磷（以P计）	手工					混合采样，至少3个混合样	1次/d	《水质　总磷的测定　钼酸铵分光光度法》（GB 11893—1989）	—
16	废水	DW002	流量	悬浮物	手工					瞬时采样，至少3个瞬时样	1次/d	《水质　悬浮物的测定　重量法》（GB 11901—1989）	—
17	废水	DW002	流量	总氮（以N计）	手工					混合采样，至少3个混合样	1次/d	《水质　总氮的测定　碱性过硫酸钾消解紫外分光光度法》（HJ 636—2012）	—
18	废水	DW003	流量	化学需氧量	手工					瞬时采样，至少3个瞬时样	排放期间1次/d	《水质　化学需氧量的测定　重铬酸盐法》（GB 11914—1989）	
19	废气	DA001	温度、湿度	油烟	手工					非连续采样，至少3个	1次/a	《金属滤筒吸收和红外分光光度法测定　油烟的采样及分析方法》（DB 31/844—2014）	
20	废气	DA002	烟气流速、烟气湿度、烟气含湿量、烟气量、氧含量	氮氧化物	手工					非连续采样，至少3个	1次/月	《固定污染源废气　氮氧化物的测定　非分散红外吸收法》（HJ 692—2014）	
21	废气	DA002	烟气流速、烟气湿度、烟气含湿量、烟气量、氧含量	林格曼黑度	手工					非连续采样，至少3个	1次/月	《固定污染源排放烟气黑度的测定　林格曼烟气黑度图法》（HJ/T 398—2007）	

序号	污染源类别	排放口编号	监测内容[①]	污染物名称	监测设施	自动监测是否联网	自动监测仪器名称	自动监测设施安装位置	自动监测设施是否符合安装、运行、维护等管理要求	手工监测采样方法及个数[②]	手工监测频次[③]	手工测定方法[④]	其他信息
22	废气	DA002	烟气流速、烟气湿度、烟气含湿量、烟气量、氧含量	二氧化硫	手工					非连续采样，至少3个	1次/月	《固定污染源废气 二氧化硫的测定 非分散红外吸收法》（HJ 629—2011）	
23		DA002	烟气流速、烟气湿度、烟气含湿量、烟气量、氧含量	颗粒物	手工					非连续采样，至少3个	1次/月	《固定污染源排气中颗粒物和气态污染物采样方法》（GB/T 16157—1996），《环境空气总悬浮颗粒物的测定 重量法》（GB/T 15432—1995）	
24		DA003	温度、湿度、空气流速	非甲烷总烃	手工					非连续采样，至少3个	1次/季度	《固定污染源排气中非甲烷总烃的测定 气相色谱法》（HJ/T 38—1999）	
25		DA003	温度、湿度、空气流速	颗粒物	手工					非连续采样，至少3个	1次/半年	《环境空气 总悬浮颗粒物的测定 重量法》（GB/T 15432—1995）	
26		DA004	温度、湿度、空气流速	非甲烷总烃	手工					非连续采样，至少3个	1次/季度	《固定污染源排气中非甲烷总烃的测定 气相色谱法》（HJ/T 38—1999）	
27		DA004	温度、湿度、空气流速	颗粒物	手工					非连续采样，至少3个	1次/半年	《环境空气 总悬浮颗粒物的测定 重量法》（GB/T 15432—1995）	

序号	污染源类别	排放口编号	监测内容[①]	污染物名称	监测设施	自动监测是否联网	自动监测仪器名称	自动监测设施安装位置	自动监测设施是否符合安装、运行、维护等管理要求	手工监测采样方法及个数[②]	手工监测频次[③]	手工测定方法[④]	其他信息
28	废气	厂界	气压、风速、风向	颗粒物	手工					非连续采样，多个	1次/半年	《环境空气　总悬浮颗粒物的测定　重量法》（GB/T 15432—1995）	—
29		厂界	气压、风速、风向	非甲烷总烃	手工					非连续采样，多个	1次/半年	《固定污染源排气中非甲烷总烃的测定　气相色谱法》（HJ/T 38—1999）	—
30		厂界	气压、风速、风向	硫化氢	手工					非连续采样，多个	1次/半年	《空气质量　硫化氢、甲硫醇、甲硫醚、二甲二硫的测定　气相色谱法》（GB/T14678—1993）	
31		厂界	气压、风速、风向	臭气	手工					非连续采样，多个	1次/半年	《空气质量　恶臭的测定　三点比较式臭袋法》（GB/T 14675—1993）	
32		厂界	气压、风速、风向	氨（氨气）	手工					非连续采样，多个	1次/半年	《空气和废气　氨的测定　纳氏试剂分光光度法》（HJ 533—2009）	

注：1. ① 监测内容：一般有组织燃烧类废气包括含氧量、烟气流速、烟气温度、烟气含湿量、烟气量，非燃烧类包括空气流速、温度、含湿量等项目，无组织废气包括温度、湿度、气压、风速、风向，废水包括流量；

② 手工监测采样方法及个数：指污染物采样方法，如对于废水污染物，“混合采样（3个、4个或5个混合）”“瞬时采样（3个、4个或5个瞬时样）”；对于废气污染物，“连续采样”“非连续采样（3个或多个）”。废水污染物 pH、COD、BOD_5、硫化物、有机物、悬浮物项目的样品，不能混合，只能单独采样。具体监测方法参照《地表水和污水检测技术规范》（HJ/T 91—2002）、《固定源废气检测技术规范》（HJ/T 397—2007）；

③ 手工监测频次：指一段时期内的监测次数要求，如1次/周、1次/月等。锅炉废气的污染物项目监测频率可按照《排污单位自行监测技术指南　火力发电及锅炉》（HJ 820—2017）执行，如2015年1月1日（含）之后取得环境影响评价文件批复的排污单位，应根据环境影响评价文件和批复要求同步完善；工艺废气项目及其最低频率按照《排污单位自行监测技术指南　纺织印染工业》（HJ 879—2017）执行；

④ 手工测定方法：如“测定化学需氧量的重铬酸钾法”“测定氨氮的水杨酸分光光度法”等，指排污单位或委托第三方所采用的污染物浓度测定方法。

2. 自动监测：纺织印染工业废水污染物指标中 pH、化学需氧量、氨氮、流量需安装自动监测设备。备注信息需注明设备故障期间的监测频次或间隔时间。

5.3.15　环境管理要求—环境管理台账

环境管理台账信息填报内容如表 5-19 所示。

表 5-19　环境管理台账信息表

序号	设施类别①	操作参数②	记录内容③	记录频次④	记录形式⑤	其他信息
1	生产设施	基本信息	1. 记录染色机的产品名称及产量、浴比，排水温度，原辅材料的使用量，计算生产负荷（即实际产量与产能之比）； 2. 记录倍捻机、络筒机、捻线机等设备是否正常运行，及次品率； 3. 记录废包装、次残品及固体废物的产生量	1. 生产运行状况：每班记录 1 次； 2. 产品产量：每班记录 1 次； 3. 原辅料使用情况：每批记录 1 次	电子台账+纸质台账	台账保存期限不得少于 3 年
2	污染防治设施	监测记录信息	1. 除自动监测排水口的流量、pH、化学需氧量、氨氮外，还需监测进水 COD 浓度、总氮、温度等； 2. 记录水泵、风机等开启的台数、正常运行情况	1. 废水排放口自动监测； 2. 非正常工况信息按正常工况期记录频次，每工况期记录 1 次	电子台账+纸质台账	台账保存期限不得少于3年；非正常工况记录信息内容应记录非正常（停运）时刻、恢复（启动）时刻、事件原因、是否报告、所采取的措施
3	污染防治设施	污染治理措施运行管理信息	非正常（停运）时刻、恢复（启动）时刻、事件原因、是否报告、所采取的措施等	非正常工况信息按正常工况期记录频次，每工况期记录 1 次	电子台账+纸质台账	台账保存期限不得少于 3 年
4	污染防治设施	污染治理措施运行管理信息	1. 记录污水污染治理设施的构筑物规格参数，主要水泵、风机的参数； 2. 主要药剂添加情况等； 3. 污泥产生量； 4. 是否有污水回用，如有需记录污水回用量	1. 污水治理污染治理设施的构筑物，主要水泵、风机发生变更时，应及时记录； 2. 药剂添加情况、污泥产生量每班记录 1 次	电子台账+纸质台账	当污水处理设施发生重大变更、改造时，应及时上报环境主管部门

序号	设施类别①	操作参数②	记录内容③	记录频次④	记录形式⑤	其他信息
5	污染防治设施	其他环境管理信息	1. 记录食堂油烟治理设施的运行情况； 2. 记录污水处理设施的厌氧、污泥池等环节的遮盖和臭气控制情况； 3. 特殊时段生产设施运行管理信息和污染防治设施运行管理信息	1. 食堂油烟治理情况、污水处理设施臭气控制情况，每天记录一次； 2. 特殊时段的台账记录频次原则上正常生产记录频次一致，但需记录特殊时段开始和结束的情况	电子台账+纸质台账	台账保存期限不得少于3年

注：1. ① 设施类别：包括生产设施和污染防治设施等；

② 操作参数：包括基本信息、污染治理措施运行管理信息、监测记录信息、其他环境管理信息等；

③ 记录内容：

a. 基本信息：包括主要生产设施（如染缸、定型机）、锅炉、治理设施名称、工艺等排污许可证规定的各项排污单位基本信息的实际情况及与污染物排放相关的主要运行参数（如漂洗次数等）；

b. 污染治理措施运行管理信息：包括记录所有污染治理设施的规格参数、污染排放情况、停运时段、主要药剂添加情况等；

c. 监测记录信息：包括手工监测的记录和自动监测运维记录信息，以及与监测记录相关的生产和污染治理设施运行状况记录信息等；

④ 记录频次：指一段时期内环境管理台账记录的次数要求，如 1 次/h、1 次/d 等；

⑤ 记录形式：指环境管理台账记录的方式，包括电子台账、纸质台账等，需电子台账+纸质台账同时保存。

2. 台账保存期限不得少于 3 年。

5.3.16 地方生态环境主管部门增加的管理内容

地方生态环境主管部门填报内容如下：

（1）固体废物环境管理

① 根据《中华人民共和国固体废物污染环境防治法》：

a. 排污单位应对各类固体废物采取措施，防止其对环境的污染。

b. 对收集、贮存固体废物的设施、设备和场所，应当加强管理和维护，保证其正常运行和使用。

c. 禁止擅自关闭、闲置或者拆除工业固体废物污染环境防治设施、场所。确有必要关闭、闲置或者拆除的，必须经生态环境主管部门核准，并采取措施，防止污染环境。

d. 对危险废物的容器和包装物以及收集、贮存危险废物的设施、场所，必须设置危险废物识别标志。环保图形标志的设置要求参照《环境保护图形标志——固体废物贮存（处置）场》（GB 15562.2—1995）。

e. 收集、贮存危险废物，必须按照危险废物特性分类进行。禁止混合收集、贮存性质不相容而未经安全性处置的危险废物。

f. 贮存危险废物必须采取符合国家环境保护标准的防护措施，并且不得超过 1 年。

② 根据《一般工业固体废物贮存、处置场污染控制标准》（GB 18599—2013）：

a. 一般固体废物暂存区地面需做好防渗硬化处理。

b. 一般工业固体废物贮存、处置场，禁止危险废物和生活垃圾混入。

③ 根据《危险废物贮存污染控制标准》（GB 18597—2013）：

a. 贮存场所地面需进行耐腐蚀硬化处理，且地基须防渗，地面表面无裂缝。

b. 禁止将不相容（相互反应）的危险废物在同一容器内混装。

c. 应当使用符合标准的容器盛装危险废物。

d. 装载危险废物的容器及材质要满足相应的强度要求。

e. 装载危险废物的容器必须完好无损。

f. 盛装危险废物的容器材质和衬里要与危险废物相容（不相互反应）。

g. 液体危险废物可注入开孔直径不超过 70 mm 并有放气孔的桶中。

（2）噪声环境管理

根据《工业企业厂界环境噪声排放标准》（GB 12348—2008）：

a. 昼间 6:00—22:00 时间段，东、南、北 3 厂界噪声值＜65 dB（A），西厂界噪声值＜60dB（A）。

b. 东、南、北 3 厂界噪声值＜55 dB（A），西厂界噪声值＜50 dB（A）。

c. 夜间频发噪声的最大声级超过限值的幅度不得高于 10 dB（A）。

d. 夜间偶发噪声的最大声级超过限值的幅度不得高于 15 dB（B）。

e. 在日常运营中，应加强设备的维护，确保各设备均处于正常工况下运行；加强生产管理，确保防治环境噪声污染的设备正常使用，生产车间门窗处于关闭状态。

f. 拆除或者闲置环境噪声污染防治设施的，必须事先报生态环境主管部门批准。

g. 应按照《排污单位自行监测技术指南　总则》（HJ 819—2017）的要求，每季度至少开展一次监测，监测时段包括昼间和夜间，监测点位要求按《工业企业厂界环境噪声排放标准》（GB 12348—2008）执行。

（3）排污单位突发环境事件应急预案管理

按照《关于印发〈企业事业单位突发环境事件应急预案备案管理办法（试行）〉的通知》（环发〔2015〕4 号）的要求制定突发环境事件应急预案，并及时向上海市生态环境局备案，同时加强应急演练。

（4）重点企业清洁生产审核管理

根据市环保局和市经济信息化委发布的年度重点企业清洁生产审核单位名单要求开展重点企业清洁生产审核。已完成审核的，应将清洁生产成果纳入日常生产管理，对照行业清洁生产评价指标体系持续推进清洁生产工作。

5.3.17 相关附件

系统需上传的附件内容如下：

（1）守法承诺书；

（2）符合建设项目环境影响评价程序的相关文件或证明材料；

（3）排污许可证申领信息公开情况说明表；

（4）通过排污权交易获取排污权指标的证明材料；

（5）城镇污水几种处理设施应提供纳污范围、管网布置、排放去向等材料；

（6）排污口和监测孔规范化设置情况说明材料；

（7）生产工艺流程图；

（8）生产厂区总平面布置图；

（9）申请年排放量限制计算过程；

（10）自行监测相关材料；

（11）地方规定排污许可证申请表文件；

（12）其他。

其中“（1）守法承诺书”与“（3）排污许可证申领信息公开情况说明表”为必须上传的附件，“（7）生产工艺流程图”及“（8）生产厂区总平面布置图”在填报系统的“排污单位登记信息—生产工艺流程图及生产厂区总平面布置图”部分上传，其余可根据实际情况选择性上传。

5.3.18 附件说明

（1）废气污染物年排放量计算

燃气锅炉废气污染物年许可排放量计算依据与过程：

企业建有 1 台 6 t/h 燃气锅炉，设计燃气用量 139 万 m^3/a。锅炉废气执行《锅炉大气污染物排放标准》（GB 13271—2014），污染物排放限值分别为：颗粒物 30 mg/m^3、二氧化硫 200 mg/m^3、氮氧化物 200 mg/m^3。

主要排放口污染物年许可排放量计算见式（5-1）：

$$E_j = R \times Q \times C_j \times 10^{-6} \tag{5-1}$$

$$E_{SO_2} = R \times Q \times C_{SO_2} \times 10^{-6}$$
$$=1\,390 \times 12.3 \times 200 \times 10^{-6}$$
$$=3.419 \text{ t/a}$$

$$E_{颗粒物} = R \times Q \times C_{颗粒物} \times 10^{-6}$$
$$=1\,390 \times 12.3 \times 30 \times 10^{-6}$$
$$=0.512 \text{ t/a}$$

$$E_{NO_x} = R \times Q \times C_{NO_x} \times 10^{-6}$$
$$=1\,390 \times 12.3 \times 200 \times 10^{-6}$$
$$=3.419 \text{ t/a}$$

式中：E_j——排污单位锅炉排放口废气第 j 项大气污染物年许可排放量，t/a；

R——排污单位锅炉排放口设计燃气用量，10^3 m^3/a；

Q——锅炉排放口基准排气量，m^3/m^3 天然气，参照表 5-20 进行经验取值；

C_j——锅炉排放口废气第 j 项大气污染物许可排放浓度限值，mg/m^3。

表 5-20　锅炉废气基准烟气量取值表

产污环节名称		基准烟气量
燃煤锅炉（m^3/kg 燃煤）	热值为 12.5 MJ/kg	6.2
	热值为 21 MJ/kg	9.9
	热值为 25 MJ/kg	11.6
燃油锅炉（m^3/kg 燃油）	热值为 38 MJ/kg	12.2
	热值为 40 MJ/kg	12.8
	热值为 43 MJ/kg	13.8
燃气锅炉（m^3/m^3 燃气）	燃用天然气	12.3

注：燃用其他热值燃料的，可按照《动力工程师手册》进行计算。

表 5-21　年许可排放量计算结果

污染物因子	排放浓度/（mg/m^3）	年许可排放量/（t/a）
SO_2	20	3.419
颗粒物	20	0.512
NO_x	150	3.419

（2）废水污染物年排放量计算

① 核算方法

a. 绩效法

根据《排污许可证申请与核发技术规范　纺织印染工业》（HJ 861—2017）中 5.2.3 章节公式（2），计算水污染物年许可排放量。计算过程见式（5-2）：

$$D = C \times \sum_{i=1}^{n} Q_i S_i \times 10^{-6} \tag{5-2}$$

式中：D——某种水污染物年许可排放量，t/a；

C——某种水污染物许可排放浓度，mg/L；

Q_i——i 类产品基准排水量，m^3/t 产品；

S_i——i 类产品产能，t/a。

b. 环评批复核准量法

$$D_{\text{污染物年许可量}}=\text{环评批复核准量}\times\text{污染物许可排放浓度} \tag{5-3}$$

环境影响评价文件及其批复文件中的总量控制要求和总量分配文件中核准的总水量。

② 计算说明

企业现有色纱设计产能为 1 000 t/a，色织带 400 t/a，纱线高温染色为企业的主要产污环节。

企业产生的废水排入×××污水管网，送上海×××××处理厂集中处理，所在地属于重点控制区域，故企业排放的废水执行《纺织染整工业水污染物排放标准》（GB 4287—2012）“表 3 水污染物特别排放限值”中的间接排放限值，其中苯胺类及六价铬污染物项目执行《纺织染整工业水污染物排放标准》（GB 4287—2012）“表 1 现有企业水污染物排放浓度限值及单位产品基准排水量”中的间接排放限值，具体数值见表 5-22。对企业废水进行处理的上海××××处理厂受纳水体××××河为总氮总磷超标的流域，故企业需进行总氮、总磷许可排放量申请。

根据《纺织印染行业排污许可证申请与核发技术规范》中表 3 要求，化学需氧量、氨氮、总氮、总磷需进行许可排放量申请。

表 5-22　水污染物入网标准　　单位：mg/L（pH，色度除外）

序号	污染物项目	间接排放限值	污染物排放监控位置
1	pH	6～9	企业废水总排放口
2	化学需氧量	80	
3	五日生化需氧量	20	
4	悬浮物	50	
5	色度	50	
6	氨氮	10	
7	总氮	15	
8	总磷	0.5	
9	可吸附有机卤素（AOX）	8	
10	二氧化氯	0.5	
11	硫化物	不得检出	
12	苯胺类	1.0	
13	六价铬	0.5	车间或生产设施废水排放口

计算方法 1：绩效法

$$D_j=S\times Q\times C_j\times 10^{-6} \tag{5-4}$$

式中：D_j——排污单位废水第 j 项水污染物年许可排放量，t/a；

S——排污单位产品产能，t/a，产能单位按《印染企业综合能耗计算办法及基本定额》（FZ/T 01002—2010）进行折算；

Q——单位产品基准排水量，m^3/t 产品，排污单位执行 GB 28936、GB 28937、GB 28938 及 GB 4287 中的相关取值；地方有更严格排放标准要求的，按照地方排放标准从严确定；

C_j——排污单位废水第 j 项水污染物许可排放浓度限值，mg/L。

某种水污染物年许可排放量（t/a）=主要产品产能（t/a）×单位产品基准排水量（t/a）×某种水污染物许可排放浓度限值（mg/L）×10^{-6}，计算结果如表 5-23 所示。

表 5-23　水污染物年许可排放量计算结果

污染物项目	主要产品产能/（t/a）	基准排水量/（m^3/t 标准品）	间接排放限值/（mg/L）	许可排放量/（t/a）
化学需氧量	1 400	85	80	9.52
氨氮			10	1.19
总氮			15	1.785
总磷			0.5	0.059 5

计算方法 2：环评批复核准量法

根据环评审批意见的核定排放量进行计算，案例企业《关于××××××××有限公司××××建设项目环境影响报告书中的审批意见》中核定生产废水排放量≤10 万 t/a，计算结果如表 5-24 所示。

表 5-24 水污染物年许可排放量计算结果

污染物项目	环评批复核准水量/t	间接排放限值/（mg/L）	许可排放量/（t/a）
化学需氧量	100 000	80	8.0
氨氮		10	1.0
总氮		15	1.5
总磷		0.5	0.05

两种方法的计算结果如表 5-25 所示，结果从严取值，故本案例企业申请的年排放许可量为：化学需氧量 8.0 t/a，氨氮（NH_3-N）1.0 t/a，总氮 1.5 t/a，总磷 0.05 t/a。

表 5-25 年许可排放量计算结果比较

	计算许可排放量/（t/a）	
计算方法	绩效法	环评批复核准量法
化学需氧量	9.52	8.0
氨氮	1.19	1.0
总氮	1.785	1.5
总磷	0.059 5	0.05
		从严取值

5.4 易错问题汇总

5.4.1 材料的完整性

排污单位应具备排污许可证申请表、承诺书、申请前信息公开情况说明表、排污许可证副本、附图、附件等材料。其中，附图应包括生产工艺流程图和平面布置图。

以下 3 种情形不予受理：

① 国家或地方政府明确规定予以淘汰或取缔的；

② 位于饮用水水源保护区等法律明确禁止建设区域；

③ 既没有环评手续，也没有地方政府对违规项目的认定或备案文件。

5.4.2 材料的规范性

5.4.2.1 申请前信息公开

（1）信息公开时间应不少于 5 个工作日。

（2）信息公开内容应符合《排污许可证管理暂行规定》要求。

（3）使用平台下载的样本，应完整填写表格内容，尤其注意公开的起止时间、公开方式、公开内容是否填写完整。署名应为法定代表人，且应与排污许可证申请表、承诺书等保持一致。有法定代表人的一定要填写法定代表人，对于没有法定代表人的企、事业单位，如个体工商户、私营企业等，这些单位可以由实际负责人签字。此外，对于集团公司下属不具备法定代表人资格的独立分公司，也可由实际负责人签字。

（4）申请前信息公开期间收到的意见应进行逐条答复。

5.4.2.2 排污许可证申请表

排污许可证申请表主要核查排污单位基本信息，主要生产单元、生产装置、产品及产能信息，主要原辅材料及燃料信息，生产工艺流程图，厂区总平面布置图，废气、废水等产排污环节，排放污染物种类及污染治理设施信息，执行的排放标准，许可排放浓度和排放量，申请排放量限值计算过程，自行监测及记录信息，环境管理台账记录等。

（1）在“排污单位基本信息表”中，填写重点区域的，应结合生态环境部相关公告，核实是否执行特别排放限值；通过排污单位投产时间，核实该排污单位是否为现有源；原则上，排污单位应具备环评批复或认定、备案文件，如两者全无，应核实排污单位具体情况；污染物总量控制要求应具体到污染物类型及其指标，包括二氧化硫总量指标（t/a）、氮氧化物总量指标（t/a）、颗粒物总量指标（t/a）、化学需氧量总量指标（t/a）、氨氮总量指标（t/a）、涉及的其他污染物总量指标，同时应与后续许可量计算过程及许可量申请数据进行对比，按技术规范确定许可量。

（2）在“主要产品及产能信息表”中，主要生产单元、生产工艺及生产设施按《规范》填报，不应混填，必填项必须填写；相同生产设施应分行填报，不应采取备注数量的方式；主要生产工艺的产品（生丝、净毛、精干麻、纱、坯布、色纤、色纱、面料、家用纺织制成品、产业用纺织制成品、纺织服装、服饰等）需要与厂内实际情况相符，如下拉菜单中不包括，可采用自定义的方式。纺织印染排污单位生产工艺、设施必填项如表 5-26 所示。

表 5-26　纺织印染排污单位生产工艺、设施必填项

<table>
<tr><th>生产单元</th><th>生产工艺</th><th>生产设施</th><th>参数</th></tr>
<tr><td>洗毛单元</td><td>乳化洗毛工艺、溶剂洗毛工艺、冷冻洗毛工艺、超声波洗毛工艺</td><td>洗毛设施（喷射洗毛机、滚筒洗毛机、超声洗毛机、联合洗毛机等）、炭化设施、剥鳞设施</td><td rowspan="8">型号、浴比、车速、布幅宽度、容积等</td></tr>
<tr><td>麻脱胶单元</td><td>化学脱胶、生物脱胶、物理脱胶、生化联合脱胶工艺</td><td>浸渍设施、汽爆装置、沤麻设施、碱处理设施、漂白设施、酸洗设施、煮练设施、漂洗设施、发酵罐</td></tr>
<tr><td>缫丝单元</td><td>桑蚕缫丝、柞蚕缫丝工艺</td><td>煮茧机、缫丝机、打棉机</td></tr>
<tr><td>织造单元</td><td>喷水织造、喷气织造工艺</td><td>喷水织机及其他</td></tr>
<tr><td>印染单元</td><td>前处理、印花、染色、整理工艺</td><td>前处理工序（烧毛设施、退浆设施、精练设施、煮练设施、漂白设施、丝光设施、定型设施、碱减量设施、前处理一体式设施等）、染色工序（散纤维染色设施、纱线染色设施、连续轧染设施、浸染染色设施、喷射染色设施、冷堆染色设施、卷染染色设施、经轴染色设施、溢流染色设施、气流染色设施、气液染色设施等）、印花工序（滚筒印花设施、圆网印花设施、平网印花设施、静电植绒设施、转移印花设施、数码印花设施、泡沫印花设施、印花感光制网设施、平洗设备、砂洗设备等）、整理工序（磨毛机、起毛机、定型设施、直接涂层设施、转移涂层设施、凝固涂层设施、层压复合设施、配料设施等）</td></tr>
<tr><td>成衣水洗单元</td><td>普通水洗、酵素洗、漂洗、石磨洗工艺</td><td>水洗机、吊染机、喷色机、马骝机、喷砂机、磨砂机、镭射造型机</td></tr>
<tr><td>公用单元</td><td>锅炉、软化水系统、储存系统、废水处理系统、辅助系统</td><td>储存系统（煤场、化学品库、油罐、气罐等）、锅炉（燃煤锅炉、燃油锅炉、燃气锅炉、生物质锅炉等）</td></tr>
</table>

其中，若设施有与产排污相关的多项参数，需填写多项参数，如浸染设施填写质量、浴比（1∶X形式在其他信息栏中填写），定型设施填写幅宽、车速等参数。

生产能力为主要产品设计产能，不包括国家或地方政府予以淘汰或取缔的产能；产品产能在不同工艺间注意衔接，需标明是否为承接前段工艺的产能，如有委外加工、半成品加工等产能的变化，需在备注中说明。

（3）在“主要原辅材料及燃料信息表”中，原料为必填项，尤其注意生产用水不得遗漏，且注明其中的回用水量；辅料应按技术规范填写完整，染料应按技术规范分类填写，若含有铬等重金属需注明含量；坯布应填写原料材质，对含有涤纶原料的坯布应注明总锑的含量；燃料中对于启动时使用的燃油也应在此填报，且应包括含硫率、挥发分、热值等信息（不能填 0），天然气含硫率可在其他信息栏中填写含硫浓度（mg/m^3）。

表 5-27　纺织印染排污单位原辅料必填项

生产单元	原料	辅料
洗毛单元	原毛、水、其他	烧碱、合成洗涤剂、氯化钠、硫酸钠、硫酸铵、有机溶剂、盐酸、漂白剂、双氧水、其他
麻脱胶单元	苎麻、亚麻、黄麻、大麻、红麻、罗布麻、水、其他	烧碱、硫酸、盐酸、双氧水、生物酶、给油剂、其他
缫丝单元	桑蚕茧、柞蚕茧、水、其他	渗透剂、抑制剂、解舒剂、其他
织造单元	天然纤维（棉、麻、丝、毛、石棉及其他）与化学纤维（再生纤维、合成纤维、无机纤维、其他）	浆料、表面活性剂、油剂、防腐剂、石蜡、其他
印染单元	散纤维、纱、织物、水、其他	染料（直接染料、活性染料、还原染料、硫化染料、酸性染料、分散染料、冰染染料、碱性染料、媒染染料、荧光染料、氧化染料、酞菁染料、缩聚染料、暂溶性染料）、颜料、糊料、酸剂（乙酸、苹果酸、酒石酸、琥珀酸、硫酸、盐酸）、碱剂（烧碱、纯碱、氨水）、氧化剂（二氧化氯、液氯、双氧水、次氯酸钠）、还原剂（二氧化硫、保险粉、元明粉）、生物酶、短纤维绒、离型纸、助剂（分散剂、精练剂、润湿剂、乳化剂、洗涤剂、渗透剂、均染剂、黏合剂、增白剂、消泡剂、增稠剂、皂洗剂、硬挺剂、固色剂及其他）、整理剂（柔软剂、抗菌防皱剂、防污整理剂、拒油整理剂、防紫外线整理剂、阻燃整理剂、防水整理剂、防皱整理剂、抗静电整理剂、稳定剂、增塑剂、发泡机、促进剂、填充料、着色剂、防光氧化剂、交联剂、防水解剂、增稠剂、引发剂及其他）、涂层剂［聚氯乙烯（PVC）胶、聚氨酯（PU）胶、聚丙烯酸酯（PA）胶、聚有机硅氧烷、橡胶乳液及其他］、溶剂（甲苯、二甲苯、二甲基甲酰胺、丁酮、苯乙烯、丙烯酸、乙酸乙酯、丙烯酸酯及其他）、感光胶（含铬感光胶、常规感光胶）、其他
成衣水洗单元	成衣、成品布、水、其他	酵素、柔软剂、渗透剂、蓬松剂、冰醋酸、烧碱、双氧水、碳酸钠、漂白粉、其他
公用单元	—	废水、废气污染治理过程中添加的化学品（包括石灰、硫酸、盐酸、混凝剂、助凝剂等）

（4）在“废气产排污节点、污染物及污染治理设施信息表”中，应按照技术规范将产排污环节填写完整。纺织印染工业有组织排放废气应包括对应的生产设施和相应排放口，生产设施主要包括锅炉、印花设施（指圆网/平网设施的蒸化、高温焙烘，静电植绒，数码印花，转移印花等产生废气的重点工段）、定型设施、涂层设施，相应排放口主要包括上述生产设施（或其中某工段）的烟囱或排气筒，锅炉为主要排放口，印花设施、定型设施、涂层设施为一排排放口，技术规范中明确的内容不得丢项；定型机采用天然气直燃形式，原则上按照一般排放口进行填报，污染物项目增加二氧化硫、氮氧化物。

纺织印染工业废气无组织排放根据不同生产单元分别于厂界管控颗粒物、非甲烷总烃，含有污水处理设施的排污单位应增加臭气浓度、硫化氢、氨等污染物项目；对于有处理设施但无排放口（处理设施净化后排至车间内部）的产污环节，按无组织排放进行填报；对于有处理设施及排放口的产污环节，按照有组织排放口进行填报。

由于汞及其化合物、林格曼黑度采用的是协同治理措施，因此其污染治理设施编号可填“—”，并在“污染治理设施其他信息”中备注“协同处理”；对使用天然气锅炉或设施的废气治理可行性技术可填写“—”；对于产生有组织废气的设施，因采用特殊工艺或原料直接排放可实现达标的，提供相应的历史监测数据，废气治理可行性技术可填写“—”，但排放口必须纳入自行监测管理；对于未采用最佳可行技术的污染控制环节，应填写“否”，并提供相关证明材料。

（5）在“废水类别、污染物及污染治理设施信息表”中，应按照技术规范将产排污环节填写完整，统一排入全厂综合废水处理设施的，废水类别合并填报。纳入许可管理的废水排放口及污染物项目如《纺织印染行业排污许可证申请与核发技术规范》中表 3 所示，“六价铬”在车间或生产设施废水排放口进行管控，其余污染物项目于废水总排口管控。

“六价铬”仅适用于使用含铬染料或助剂、含有感光制网工艺的排污单位，“动植物油”仅适用于含缫丝、毛纺生产单元的排污单位，“可吸附有机卤素”与“二氧化氯”仅适用于麻纺、印染生产单元中含氯漂工艺的排污单位，“苯胺”与“硫化物”仅适用于含印染生产单元的排污单位，“总锑”仅适用于含涤纶化纤碱减量工艺的排污单位，不涉及相关工艺的污染物项目可不进行填报。

初期雨水、生活污水、循环冷却水排污水等产排污环节不得漏填；单独排入城镇集中污水处理设施的生活污水仅说明去向，单独且直接排入水体的生活污水按主要排放口进行管理；污染治理设施工艺除喷水织机废水经一级+二级处理可达到直接排放标准以外，其余类型的废水执行间接排放标准的需经一级+二级处理，执行直接排放标准的需经一级+二级+深度处理；对于未采用最佳可行技术的废水治理措施，应填写“否”，并提供相关证明材料。

（6）在“废气污染物排放执行标准表”中，污染物项目应符合技术规范要求；对于新增污染源，严格按《关于做好环境影响评价制度与排污许可制衔接相关工作的通知》（环办环评〔2017〕84 号）执行；主要排放口废气污染物许可排放浓度限值按照《锅炉大气污染物排放标准》（GB 13271—2014）或要求更为严格的地方标准进行确定；一般排放口废气及厂界无组织废气浓度限值按《大气污染物综合排放标准》（GB 16297—2017）、《恶臭污染物排放标准》（GB 14554—93）或要求更为严格的地方标准进行确定；对于执行 GB 16297—2017 的设施，除确定许可排放浓度以外，还应按烟囱高度填报排放速率要求。

（7）在“大气污染物有组织排放表”中，对于汞及其化合物、林格曼黑度等需申请许可排放浓度，无须申请许可排放量；申请的许可排放量应按照《规范》要求取严；申请的许可排放量应与计算过程保持一致；计算过程中的参数选取严格按照《规范》要求进行，生物质锅炉基准烟气量按《动力工程师手册》计算或参照燃煤锅炉数值进行选择；对于执行 GB 16297—2017 的设施，除确定许可排放浓度以外，还应按烟囱高度填报排放速率要求。

（8）在“大气污染物无组织排放表”中，无组织排放源的污染治理措施填写符合实际，标准填写应明确；对于国家和地方排放标准中无要求的无组织产污环节，如无特殊规定，不建议给出许可排放浓度、许可排放量等量化考核要求，仅说明控制措施即可。

（9）在“废水直接排放口基本情况表”中，直接排放口和车间或设施排放口均填写在此表内，特别注意受纳自然水体信息填写是否正确，如涉及使用含重金属铬的染料的，表中车间排放口控制污染物项目为六价铬。

（10）在“废水间接排放口基本情况表”中，间接排放废水应写明受纳污水处理厂执行的外排浓度限值。

（11）在“废水污染物排放表”中，以下 3 种情况需增加申请总量的污染物种类：① 受纳水体环境质量超标且列入 GB 4287、GB 8978、GB 28936、GB 28937、GB 28938 中的其他污染物；②《“十三五”生态环境保护规划》（国发〔2016〕65 号）载明的总磷、总氮总量控制区域；③ 地方生态环境主管部门另有规定的其他污染物。

（12）在“噪声排放信息表”中，位于交通主干道附近的排污单位应注意厂区执行的噪声排放标准。

（13）在“固体废物排放信息表”中，固体废物按照《固体废物鉴别标准　通则》（GB 34330—2017）及《国家危险废物名录》的要求对固体废物进行判定与分类。

（14）在“自行监测及记录信息表”中，监测因子数量及最低监测频次应符合技术规范的要求，《排污单位自行监测技术指南　纺织印染工业》发布后，从其规定执行；锅炉等主要排放口应符合《排污单位自行监测技术指南　火力发电及锅炉》（HJ 820—2017）的要求；关注废气有组织一般排放口、无组织排放以及雨水排口的监测信息；对于废气有组织一般排放口，若地方有现行监测要求，则按其要求填报。监测内容废水包括流量；废气包括：①主要排放口：烟气量、烟气流速、烟气温度、烟气含湿量；②一般排口：空气流速；③厂界：温度、气压、风速、风向。

（15）在“环境管理台账记录表”中，应按照《规范》要求填报环境管理台账记录内容和频次等要求，原则上记录形式应按照电子和纸质同时记录。具体内容包括基本信息、污染治理措施运行管理信息、监测记录信息、其他环境管理信息等。

- 基本信息：包括主要生产设施（如染缸、定型机）、锅炉、治理设施名称、工艺等排污许可证规定的各项排污单位基本信息的实际情况及与污染物排放相关的主要运行参数；
- 污染治理措施运行管理信息：包括记录所有污染治理设施的规格参数、污染排放情况、停运时段、主要药剂添加情况等；
- 监测记录信息：包括手工监测的记录和自动监测运维记录信息，以及与监测记录相关的生产和污染治理设施运行状况记录信息等。

（16）许可排放量：许可排放量计算过程应清晰完整，且列出不同计算方法及取严过程。按照技术规范计算时，应详细列出计算公式、各参数选取原则和选取值以及计算结果；明确给出总量指标来源及具体数值，环评文件及其批复要求（环评文件及其批复中的排水量、排污量可作为计算依据）；最终按取严原则确定申请的许可排污量。

（17）附图：工艺流程图与总平面布置图要清晰可见、图例明确，且不存在上下左右颠倒的情况；工艺流程图应包括主要生产设施（设备）、主要原燃料的流向、生产工艺流程等内容；平面布置图应包括主要工序、厂房、设备位置关系，尤其应注明厂区雨水、污水收集和运输走向、排放口等内容。

（18）附件：应提供承诺书、信息公开情况说明表及其他必要的说明材料，例如：未采用可行技术但具备达标排放能力的说明材料等；许可排放量计算过程应详细、准确，计算方法及参数选取应符合规范要求；对于废水化学需氧量和氨氮等，若排污单位已有总量控制要求（许可总量为企业外排总量，注意与外排环境总量区分），应将其作为拟申请的废水污染物许可排放量；对于排污单位自愿采取更低排放要求申请许可排放浓度和许可排放量的（如排污单位自愿采用超低排放要求作为申请许可排放浓度和许可排放量的依据），应进行核实，并告知生态环境主管部门及排污单位利弊关系。

5.4.2.3　生态环境主管部门审核意见及排污许可证副本

（1）应按技术规范填写执行报告内容、频次等要求；纺织印染排污单位应包括年度、季度执行报告，其中季度执行报告应至少包括全年报告中的第（6）部分中的“实际排放量报表”“达标判定分析说明”及第（4）部分中的“治污设施异常情况汇总表”；月执行报告可根据地方管理要求确定是否提交。

（2）应按照企、事业单位信息公开管理办法、排污许可证管理暂行规定等现行文件的管理要求，填报信息公开方式、时间、内容等信息。

（3）生态环境主管部门可将对排污单位现行废气、废水管理要求，以及法律法规、技术规范中明确的污染防治措施运行维护管理要求写入“其他环境管理要求”部分中；对于污染治理设施、环境不满足纺织印染工业排污许可申请与核发规范要求的，可将整改要求写入“改正措施”中并限定整改时限；若无地方法规要求，暂不建议写入关于噪声、固体废物、环境风险等方面的管理要求。

（4）生态环境主管部门应重点审核许可事项，如排放口的数量、类型，许可排放浓度执行的标准、许可排放量取值是否符合技术规范要求。管理要求要明确，且符合技术规范要求，为将来的监管执法提供依据。载明事项中存在的低级错误，对逻辑不通的内容需明确提出修改要求。

第 6 章　纺织工业污染防治的可行性技术

6.1　清洁生产技术

6.1.1　前处理工段

前处理是印染加工的准备工段，其目的是在坯布受损很小的条件下，除去织物上的各类杂质，使坯织物成为洁白、柔软并有良好润湿性能的印染半制品。不同品种的织物对前处理要求不同，织物在前处理车间所经受的加工过程次序（工序）和工艺条件也不尽相同。

（1）精练酶一步一浴法前处理技术

精练酶一步一浴法前处理技术采用由多种酶复合的多功能精练酶，具有高度专一性与严格的选择性，在高温条件下具有强渗透作用，膨化降解涤棉织物上的混合浆料，有效去除纤维棉籽壳、灰分、蜡脂等杂质。精练酶能够与双氧水同浴，不使用碱剂，减少对纤维的损伤，织物克重损失小，强度降低少；织物半成品的各项指标满足染色、印花的要求，且染色、印花后的色牢度、断裂强力、手感、克重等不低于传统工艺，降低废水排放的 pH，同时对浆料等高分子物质具有降解效果，提高废水的可生化性。该技术将传统退煮漂工艺流程缩短，不需要使用烧碱，综合能耗降低近 50%，废水排放 COD_{Cr} 量降低约 50%。该技术适用于纯棉及涤棉混纺织物的前处理。

（2）冷轧堆一步法前处理技术

冷轧堆一步法，又称短流程工艺，针对不同织物一次性通过投加不同复合型高效退浆剂、高效煮练剂等，再经过一定时间堆置，将三个工序合并，最后通过漂洗完成前处理。不同类型坯布的投加助剂量和堆置时间不同。

冷轧堆一步法适用于纯棉织物、棉麻混纺织物、化纤织物、化纤混纺织物的前处理。

该工艺总体不增加化学助剂使用成本，同时节约蒸汽 50%～80%，节水 30%～60%。

（3）双氧水漂白技术

该技术利用双氧水电离产生的过氧化氢离子氧化去除织物纤维色素的过程，可避免因使用含氯漂白剂而产生的有机卤化物，织物白度好，生产过程中不产生有害气体。双氧水漂白效果与浓度、温度、时间、pH 等因素有关，浓度宜控制在 2～6 g/L，温度控制在 90～100℃，漂白时间为 45～60 min，为保证漂液 pH 在 10～11，需要用烧碱调节 pH，一般用量为 1～2 g/L。一般采用平幅连续汽蒸工艺，也可采用间歇式卷染机漂白或溢流机漂白，还能适应短流程碱氧一浴工艺、退煮漂一浴工艺及酶氧煮漂一浴工艺。双氧水漂白不产生额外污染物，但需采用不锈钢材质设备，成本较使用含氯漂白剂要高。

6.1.2　染色/印花工段

（1）气流染色技术

气流染色技术利用空气动力学原理，将高压鼓风机产生的高速气流注入喷嘴，同时另一管路向喷嘴注入染液，染液与高速气流在喷嘴中混合后形成雾状微细液滴后喷向织物，使得染液与织物可以在很短的时间内充分接触，以达到均匀染色的目的。该技术中，水只作为染化料载体，以高速气流带动织物运行，气雾与液流间具有较好的渗透性。该技术浴比小，染液循环效率高，一般棉纺织物浴比为 1∶（3.5～4）、化纤织物浴比为 1∶（2.5～3），助剂可节约 35%～50%、染料节约 2%～5%。对纯棉织物染色基准排水量为 40～45 m^3/t 织物，对于涤纶织物染色基准排水量为 20～25 m^3/t 织物。气流染色排污量相当于传统液流染色排放量的 20%～30%。

（2）气液染色技术

气液染色是以循环气流牵引织物循环，组合式染液喷嘴进行染液与被染织物交换，完成染料对织物上染的过程。织物首先与喷嘴染液进行交换，向织物纤维提供单次循环所需的上染量，织物与染液交换后再经提布辊进入气流喷嘴。受到气流的渗透压作用，进一步提高织物上染料分布的均匀性。

气液染色技术不仅工艺操作简单，节水、节电效果显著，充分发挥气流和染液各自对染色过程的作用。与气流染色相比，循环风机额定功率降低了 30%。

（3）冷轧堆染色技术

冷轧堆染色技术是指织物在低温下通过浸轧染液和碱液，利用轧辊压轧作用使染液吸附在织物纤维表面，然后进行打卷堆置，在室温下堆置一定时间并缓慢转动，使之完成染料的吸附、扩散和固色过程，最后通过水洗完成上染的染色方式。该工艺包括浸轧工作液、堆置固色和水洗 3 个阶段。

冷轧堆染色技术流程短、设备简单、对环境污染小。因不需烘干和汽蒸工序而具有节约能源、浴比小、上色率高等优点。该工艺能耗低、产生废水量少，固色率比常规轧蒸法提高了 15%～25%，不存在染料泳移等缺点。

（4）小浴比匀流染色技术

小浴比匀流染色技术，是在超低浴比条件下，实现彻底稀释、溶解均匀的染液和织物纤维的染色过程。匀流染色机通过在染机主缸底部增加横向循环泵，将染机中的染液进行纵向及横向双向循环，加速染液之间的交换速度，增加染液交换频次，加快染液混合与搅拌作用，该工艺过程的染化料稀释、溶解效果可达到传统染色机的 8 倍。小浴比匀流染色浴比为 1∶4～1∶4.5，基准排水量为 25～50 m^3/t 织物，节约大量用水和蒸汽，并减少了废水排放量。匀流染色机属于溢流染机，不同于气流染机需要高负荷电机驱动风机来带动织物运行，因此电耗较低。

（5）涂料染色技术

涂料染色技术是将不溶于水的颜料借助黏合剂的作用使其固着在织物上的一种特殊染色工艺，工艺流程为：涂料工作液配制→织物浸轧→预烘→焙烘→成品。涂料染色工艺分为涂料轧染和涂料浸染两种，涂料染色适用于各类纤维的染色加工，色谱选择广泛，能源消耗低，基本不产生废水。

（6）转移印花技术

转移印花技术是指先将染料色料印在纸等材料上，然后经热压等方式使图案中的染料转移到织物上，固着形成图案。转移印花有升华法、泳移法、熔融法和油墨层剥离法等，应用较多的为分散染料的干法转移印花技术。

干法转移印花技术基于分散染料的可升华特性，选择升华温度段在 150～230℃的分散染料与浆料混合制成“色墨”，在转印纸上印刷设计图案，然后将转印纸与织物紧密接触，通过控制温度、压力和接触时间将染料从转印纸转移到织物上，并扩散进入织物内部实现着色。该技术工艺流程短，印后即是成品，不需蒸化和水洗等工序，但产生 VOCs 废气，转移纸等属于危险固体废物。

（7）数码喷墨印花技术

数码喷墨印花技术利用电脑分色印花系统将数字化图案处理后，再通过数码印花机将专用染料直接喷印到织物或介质上，经蒸化、水洗、拉幅烘干和定型等处理加工后，数码喷墨印花技术可在各种纺织面料上获得所需精度的印花产品。数码喷墨印花技术采用直喷方式，节省墨水用量，能够满足多品种、个性化生产，印花过程无废水、废液产生。与传统印花技术相比，染料用量下降约 60%，电耗下降约 50%。

（8）环保染料、助剂使用技术

环保染料、助剂使用技术是指在生产中使用可生物降解或易生物降解的染料和助剂，同时不含致癌性物质、过敏性物质、持久性有机污染物及重金属等污染物。该技术不改变生产工艺与生产设施，可降低废水处理难度，降低废水处理成本，减少环境危害，保护人体健康。

（9）逆流漂洗技术

逆流漂洗技术是将漂洗槽从前往后逐渐增高液面，漂洗织物时，织物的行进方向与液流方向相反，后一个漂洗槽的冲洗水补充前一个漂洗槽，只向末端清洗槽补充新鲜水。该技术投资成本低，现有设备易改造。该技术较传统漂洗技术可节水 40%～60%。

6.1.3　整理工段

（1）泡沫整理技术

泡沫整理技术是将含有发泡剂的整理液发泡后施加于织物表面并透入织物内部的一种整理加工方式。泡沫整理技术以空气取代配置整理液时所需的水，整理液的含水率低，可节约染化料，减少污染物和废水排放，提高了烘干效率。整理过程中仅产生少量工作液，多数情况下可回用，工艺过程可实现无废水排放。避免了常规加工方法中由于过高的轧车压力而造成纺织品纱线之间的微真空状态，从而使手感更柔软。该技术节约染化料和热能，工艺过程废水水量较低，甚至无废水排放。

（2）液氨整理技术

液氨整理技术的工艺流程为：将烘干后的织物（梭织布或针织布）送入液氨整理机内浸轧液氨，使浸氨匀透并瞬时吸氨。浸轧液氨后的梭织布再进入反应室内，通过上下导布辊使织物停留时间延长，与氨充分反应，同时蒸发织物上的余氨，织物再进入加热烘筒进一步去除残留在织物上的氨。较碱丝光液氨整理的纤维性能更好，该过程中产生的含氨气体采用水吸收法进行氨回收，即把反应室和加热烘筒排出的含氨气体送至洗涤吸收塔，用水吸收气体中的氨，制得稀氨水，稀氨水通过蒸馏塔进行浓缩，制成浓氨水，浓氨水经精馏得浓氨气，再经加压和冷凝制成液氨，经贮存罐暂存后，实现循环利用。液氨整理技术能够实现液氨的循环利用，不产生废碱液和丝光废水。

（3）水性涂层整理技术

涂层整理技术是一种新型的纺织品后整理技术，是在织物表面施加高分子化合物薄膜涂层，改变织物表面风格、色泽或赋予额外功能，以提高产品附加值的整理技术。不同于传统的定型浸轧，涂层仅部分浸入织物或者完全不浸入织物内部，节约染化料，主要工艺过程包括轧光、涂布、烘燥和焙烘，可以不用水洗，节约大量能源和水。可用于涂层的高分子材料主要有溶剂型、水溶型和水分散型，与溶剂型材料水相比，分散型材料具有操作简单、产品覆盖面宽等优势。水性涂层整理技术可节约能源，工艺过程废水排放量少、甚至无废水排放。

6.2 末端治理技术

6.2.1 废水污染治理可行技术

6.2.1.1 一般原则

不同纺织行业废水治理可行性技术依据《排污许可证申请与核发技术规范 纺织印染工业》，其技术总结如表 6-1 所示。

表 6-1 纺织工业废水末端治理技术参照表

<table>
<tr><th colspan="2">废水类型</th><th>可行技术</th><th>备注</th></tr>
<tr><td colspan="2">洗毛废水</td><td>离心分离、膜分离、混凝气浮</td><td rowspan="4">可资源回收、生产废水可直接排入全厂综合废水处理设施</td></tr>
<tr><td colspan="2">缫丝废水</td><td>酸析法、冷冻法、膜分离</td></tr>
<tr><td colspan="2">退浆废水</td><td>膜分离、絮凝沉淀</td></tr>
<tr><td colspan="2">碱减量废水</td><td>酸析法、盐析法</td></tr>
<tr><td rowspan="5">工艺废水</td><td>水刺工艺废水</td><td rowspan="8">一级处理：格栅、捞毛机、中和、混凝、气浮、沉淀；
二级处理：水解酸化、厌氧生物法、好氧生物法；
深度处理：曝气生物滤池、臭氧、Fenton 氧化、滤池、离子交换、树脂过滤、膜分离、人工湿地、活性炭吸附、蒸发结晶</td><td rowspan="8">水刺工艺废水经简单过滤后可达到纳管标准；喷水织机废水经一级+二级处理可达到直接排放标准，其余类型的废水执行间接排放标准的需经一级+二级处理；执行直接排放标准的需经一级+二级+深度处理</td></tr>
<tr><td>喷水织机废水</td></tr>
<tr><td>成衣水洗废水</td></tr>
<tr><td>麻脱胶废水</td></tr>
<tr><td>印染废水</td></tr>
<tr><td colspan="2">初期雨水</td></tr>
<tr><td colspan="2">生活污水</td></tr>
<tr><td colspan="2">循环冷却水排污水</td></tr>
</table>

印染行业作为纺织工业中排水量和排污量占比最高的行业，其废水处理技术一直是行业的重中之重。印染行业的生产废水处理可分为分质综合处理和直接综合处理。其中，分质综合处理是对要求车间或生产设施排放口达标排放的生产废水（如含铬废水），或者对污染物浓度高或具有资源回用价值的工艺废水（退浆废水、碱减量废水等）进行分类收集、单独处理后，排入厂区综合废水处理设施进行混合处理的方式。直接综合处理是排污单位生产废水直接排入厂区综合废水处理设施进行混合处理的方式。印染企业综合污水处理设施分为一级、二级及深度处理。

根据废水水质选择废水处理技术，废水排放水质应满足 GB 4287、GB 28936、GB 28937、GB 28938 和 HJ 861 等相关标准、规范要求。根据印染不同工艺段用水水质要求选择尾水回用工艺，在经济技术可行的前提下，最大限度地提高水回用率。

印染废水处理通常采用生物处理为主、物化处理为辅的综合处理技术。其中，生物处理技术一般采用水解酸化和好氧生物处理相结合的处理工艺。好氧处理技术包括活性污泥法和生物膜法，物化处理技术包括混凝沉淀、混凝气浮和化学氧化等。

传统的生化+物化处理工艺能使印染废水出水 COD 达到间接排放的要求。若要达到排放标准规定的 60 mg/L 以下的要求，则需进一步深度处理。目前工艺较成熟的印染废水深度处理技术包括膜分离技术、活性炭吸附技术以及高级氧化技术等。对于生化+物化处理的出水，采用双膜法工艺，即纳滤+反渗透，其出水水质可达到回用要求。国内目前应用相对成熟、推广面较广泛，且经济技术方面均切实可行的单元技术如表 6-2 所示。

表 6-2　印染废水污染治理单元技术

技术类别	单元技术	
一级处理	格栅、筛网、中和、混凝、气浮、沉淀	
二级处理	水解酸化	机械搅拌式、水力推流式、间歇脉冲式
	厌氧生物处理	升流式厌氧污泥床（UASB）、厌氧流化床（AFB）、厌氧折流板反应器（ABR）、强化循环厌氧反应器（SCAR）
	好氧生物处理①	传统活性污泥、生物接触氧化、A/O、A^2/O、SBR、CASS、延时曝气法、氧化沟及其改良工艺、MBR 及其改良工艺
深度处理	混凝沉淀	有机混凝剂、无机混凝剂、复合混凝剂
	化学氧化（高级氧化）工艺	双氧水、臭氧、芬顿/类芬顿氧化工艺
	吸附	颗粒活性炭吸附、粉末活性炭吸附、树脂吸附
	过滤工艺	砂滤池、滤布滤池
	生物处理工艺	膜生物反应器（MBR）、曝气生物滤池、人工湿地
	膜技术	微滤、超滤、纳滤、反渗透

注：①活性污泥法或生物膜法。

印染行业排污单位水污染物排放限值应达到 GB 4287 的要求，有地方排放标准的应从严执行。根据实际产生的各类废水水质条件予以组合，构成完整的、合理的印染废水治理工艺。

6.2.1.2 一级处理技术

一级处理技术是指通过简单的物化处理工艺去除废水中的部分污染物。纺织印染行业工业废水的一级处理技术包括格栅、筛网、调节、中和、降温、气浮、混凝、沉淀等单元操作或过程。

（1）格栅/筛网

通过栅条或者筛网的拦截作用，将废水中较粗大的悬浮物或漂浮物质分离，对后续废水处理设施、管道和设备安全运行起保护作用。根据栅条间距的不同，格栅可分为粗格栅（50～100 mm）、中格栅（10～50 mm）、细格栅（1～10 mm），拦截相应大小的漂浮物或悬浮物。纺织印染行业排污单位均需进行格珊或筛网预处理，废水处理宜选择细格栅（1～10 mm），以截留混在印染废水中的漂浮物和部分悬浮物；对于含有较多织物纤维的废水，在细格栅后宜增加滤网设备，以去除废水中大部分纤维类污染物。为减轻劳动强度，格栅/筛网宜选用机械式操作方式。

（2）调节池

废水量及水质不均匀，昼夜内变化较大，为使处理构筑物正常工作，常设调节池，调节水量和水质。调节池的水力停留时间依据生产周期和排水特点而定，一般不宜小于 8 h。生产过程中不同工艺段产生的废水水质、水量差别大，而且具有温度相对较高、不连续排水的特征，对废水进行水质、水量调节及降温是保证后续处理工艺稳定运行的必要前提，因此，调节池的作用不仅包括均质、均量，在纺织印染行业中还具备 pH 调节、降温的功能。

（3）混凝

混凝是利用絮凝剂和助凝剂对胶体 ς 点位的破坏以及吸附架桥、网捕作用，使印染废水中的胶体类物质、细小悬浮物等污染物生成粒径较大、易沉淀的絮状体后，通过重力沉淀或气浮分离去除。采用混凝沉淀技术时，混合区速度梯度（G）值宜采用 300～600 s^{-1}，混合时间 30～120 s；反应区 G 值宜采用 30～60 s^{-1}，反应时间 5～20 min。

纺织印染工业废水处理常用的混凝剂有石灰、铁盐、铝盐及其高分子混凝剂，常用的助凝剂为聚丙烯酰胺。通过后续的气浮或沉淀作用，对于分离、去除印染废水中某些颗粒或胶体物质，如 PVA 浆料、分散染料、染化料等具有重要作用，铁盐、铝盐对于海藻酸钠、CMC 同时具有沉淀作用。

（4）气浮

在水中通入或产生大量的微细气泡，使空气以高度分散的微小气泡形式附着在悬浮物颗粒上，造成密度小于水的状态，利用浮力原理使其浮在水面，从而实现固—液分离的技术。对于含有胶体类污染物、油剂和散纤维印染废水，经混凝后可以采用气浮分离技术，对比重较小的污染物具有良好的去除效率。以涤纶织物的染色废水为例，采用混凝/气浮分离技术对废水的 COD 去除率超过 50%、对色度去除率超过 70%。混凝气浮技术采用普通气浮工艺时，表面负荷应为 5～8 m^3/（m^2·h），水力停留时间应为 20～35 min，如选用浅层气浮方式可减少水力停留时间。

（5）沉淀

沉淀技术是借助重力作用，使密度比水大的悬浮物从废水中沉降下来，从而实现与水的分离，该技术常用构筑物为沉淀池。物化沉淀池表面负荷宜为 0.8～1.0 m^3/（m^2·h），水力停留时间宜为 2～4 h，可通过增设斜板的方式提高沉淀效率与表面负荷；生化沉淀池表面负荷宜为 0.5～1.0 m^3/（m^2·h），水力停留时间宜为 3～5 h。

对于含有浆料、分散染料等污染物的印染废水，可采用沉淀池进行分离。废水量较大时宜采用平流式或辐流式沉淀池，废水量小时宜采用竖流式沉淀池。

6.2.1.3　二级处理技术

二级处理技术一般是指生物处理，对经过一级处理后的废水，利用微生物的生化作用去除废水中剩余的大部分污染物。印染废水的生物处理包括厌氧生物处理技术和好氧生物处理技术。纺织印染废水的可生化性相对较差，生物处理系统设计应以满足废水各类特征污染物有效生物降解所需的时间为设计要点，一般不宜使用有机负荷、污泥负荷作为设计参数。纺织印染废水中包含一定量的易生物降解有机物，如退浆废水中的淀粉，碱减量废水中的对苯二甲酸、乙二醇等单体化合物，使用厌氧生物处理技术，可以使这部分污染物在低能耗条件下实现生物降解。厌氧生物处理技术通常要求进水硫酸根与 COD_{Cr} 浓度比小于 1∶10，且硫酸根浓度应小于 6 000 mg/L。

（1）水解酸化

水解酸化技术是指利用厌氧生化作用的水解和酸化阶段，将难以生物降解的大分子有机污染物分解为较易生物降解的小分子有机污染物，有利于提高印染废水的可生化性和脱色效率，有利于废水的后续好氧生物处理。

水解酸化处理印染废水时设计的水力停留时间一般宜大于 36 h，缫丝、麻脱胶、洗毛废水宜大于 18 h。水解酸化池应注重加强传质生物效果，通过设置脉冲、搅拌器等技术措施避免短路和死角。通过水解酸化作用，印染废水的COD_{Cr}去除率一般在10%～30%，废水的可生化性提高 10%～20%。水解酸化是目前印染废水处理过程应用广泛的生物前处理技术，是保证后续好氧生物处理系统稳定、高效运行的重要前道工序。

（2）定型厌氧生物反应器

厌氧生物处理技术是指厌氧条件下利用微生物水解、酸化和产氢、产甲烷的全部厌氧代谢过程，将废水中的有机物转化为一氧化碳、二氧化碳、氢和甲烷的生物降解过程。厌氧生物处理工艺应选用具有高污泥浓度、混合充分的厌氧反应器，采用颗粒污泥接种的方式启动，接种污泥量不宜小于反应器有效容积的 1/3，反应器应设置保温和 pH 控制系统，反应器产生的甲烷等气体宜收集后综合利用或燃烧处理。在印染废水处理行业中常用的厌氧生物反应器有以下几类：

a. 升流式厌氧污泥床及其改进工艺。升流式厌氧污泥床（UASB）技术是指废水通过布水装置依次进入底部的污泥层和中上部污泥悬浮区，使废水与其中的厌氧微生物反应，将废水中的有机物降解，生成沼气。气、液、固混合液通过上部三相分离器进行分离，污泥回落到污泥悬浮区，分离后废水排出系统，同时回收沼气。

以 UASB 为基础的改进工艺包括 EGSB、IC、SCAR 等高效厌氧反应器，通过强化污泥颗粒化和系统内部传质作用的高效厌氧反应器，对于高浓度印染废水有机物具有优良的去除效果。

b. 厌氧折流板反应器（ABR）。厌氧折流板反应器内置竖向导流板，将反应器分隔成串联的几个反应室，每个反应室都是一个相对独立的升流式污泥床系统，其中的污泥可以颗粒化形式或以絮状形式存在。水流由导流板引导上下折流前进，逐个通过反应室内的污泥床层，进水中的底物与微生物充分接触而得以降解去除。

c. 厌氧流化床（AFB）。厌氧流化床反应器内通过内部填充着小粒径、大比表面积的惰性载体，厌氧生物膜负载在载体表面生长，通过合理的水力学设计使载体处于流化状态，微生物易与废水充分接触形成良好的传质条件，设备处理效率高。

（3）好氧生物处理技术

好氧生物处理技术是指在有氧条件下有机物或氨氮污染物等被微生物降解的过程，是目前纺织印染废水生物处理不可或缺的主要工艺。好氧生物处理技术根据微生物在反应器中的状态分为活性污泥法和生物膜法。针对缫丝、洗毛、蜡染、棉织物印花等高氮生产废水，通过具有脱氮功能的生物实现生物脱氮。纺织印染废水好氧生物处理可采用完全混合活性污泥法、生物接触氧化法、序批式活性污泥法（SBR）、缺氧—好氧生物脱氮法（A/O 法）、氧化沟、膜生物反应器（MBR）及其各类改型工艺。

a. 完全混合活性污泥法。完全混合活性污泥法是主要利用悬浮生长的微生物絮体，即活性污泥处理有机废水的一类好氧生物处理方法。完全混合活性污泥法利用活性污泥中微生物的新陈代谢作用实现对废水中有机物的氧化分解，最终实现对有机物的矿化。活性污泥法需要设置污泥回流系统，以保证反应器内污泥浓度，并可能出现污泥膨胀造成系统污泥流失现象。

b. 生物接触氧化法。生物接触氧化法是在好氧池内设置填料，以增加反应器中的微生物量，通过池底曝气对废水进行充氧，并使废水与填料上的微生物充分接触。相比于传统的活性污泥法，该工艺具有污泥浓度高、污泥龄长、污泥产量少、不需要污泥回流等优点。

c. SBR。SBR 是序批式活性污泥法的简称，是一种按间歇曝气方式来运行的活性污泥废水处理技术。与传统完全混合式废水处理工艺不同，SBR 技术实现了在时间上的推流操作方式，因此具有更高的去除效率。该工艺及其改进工艺，如 CASS、UNITANK 等，可以通过好氧、缺氧状态的交替运行，实现生物脱氮功能。

d. A/O 法。A/O 法即缺氧—好氧生物脱氮法，在好氧池实现硝化，在缺氧池中实现反硝化脱氮。为使微生物在好氧池保持较高活性，溶解氧应维持在 2 mg/L 以上，pH 应控制在 7～8。该工艺的优点在于系统简单，运行费用低。印染废水生物脱氮系统宜通过外加碳源并控制废水碱度，以获得良好的生物脱氮效果。

e. 氧化沟。氧化沟利用连续环式反应池作为生物反应池，混合液在该反应池内连续循环，氧化沟属于延时曝气活性污泥法。氧化沟法由于具有较长的水力停留时间，较低的有机负荷和较长的污泥龄，相比传统活性污泥法，可以省略调节池、初沉池、污泥消化池，有的还可以省去二沉池。该工艺及其改进工艺，如三槽式氧化沟、卡鲁塞尔氧化沟、奥贝尔氧化沟等，可以通过好氧、缺氧状态的交替运行，实现生物脱氮功能。

氧化沟比常规的活性污泥法能耗降低 20%～30%。与其他废水生物处理方法相比，氧化沟处理流程简单，操作管理方便，出水水质好，工艺可靠性强。氧化沟工艺通过好氧、缺氧交替运行，可以实现生物脱氮。

f. MBR。MBR 是指超、微膜或超滤分离与废水处理生物反应器相结合的一种废水处理装置，它综合了膜技术和生物处理的优点，通过膜组件截留活性污泥混合液中的微生物絮体和较大分子有机物，使反应器获得高微生物浓度，并延长有机物停留时间，提高了微生物对有机物的降解效率。MBR 出水质量高，具有较高的抗冲击能力，且污泥产率系数低。膜污染问题是制约膜分离技术在废水处理领域大规模应用的关键因素。

6.2.1.4　深度处理技术

深度处理技术指对经过二级生物处理后的废水进行进一步净化处理的过程，以实现处理后尾水水质条件满足某一特定的回用要求。纺织印染废水的深度处理包括生物处理技术、高级氧化技术和膜分离技术。

（1）曝气生物滤池（BAF）

曝气生物滤池集生物接触氧化与吸附过滤为一体，具有处理流程短、处理效率高、出水水质好等优点。曝气生物滤池的高微生物特征，去除印染废水剩余色度的能力较好。

印染废水曝气生物滤池反冲洗宜采用气、水联合反冲洗形式，设置各自独立的正常进水系统、正常出水系统、反冲洗进水系统、反冲洗出水系统、正常曝气系统、反冲洗曝气系统，各系统通过控制系统自动运行，宜采用气水联合反冲洗。反冲洗空气强度 10～15 L/（m^2·s），反冲洗水强度 4～8 L/（m^2·s）。

印染废水进入曝气生物滤池 COD_{Cr} 浓度宜小于 200 mg/L，不同性质的印染废水，曝气生物滤池设计水力停留时间为 2～10 h。

曝气生物滤池可以独立作为印染废水深度处理工艺，也可以结合高级氧化工艺，经过二级生物处理后的尾水经高级氧化处理后再进入曝气生物滤池处理。

（2）臭氧氧化技术

臭氧氧化技术是使用臭氧作为氧化剂对经过二级生物处理后的印染废水进行净化的。

经过一级、二级处理后的印染废水，可生化性差，通过臭氧氧化产生的羟基自由基（·OH）氧化作用，可以将废水中残留的难生物降解有机物彻底氧化降解或者分解生成小分子有机物，改善废水可生化性。臭氧氧化过程应在弱碱性条件下进行，以 COD 去除量计，可按照去除 COD 量的 2～3 倍投加臭氧，臭氧使用量较大时，宜采用液氧氧化方式产生臭氧。臭氧氧化过程不产生二次污染，处理成本相对较高，与曝气生物滤池结合是一种优良的印染废水深度处理组合工艺。

该技术对印染废水脱色效果理想，运行成本相对较高，对臭氧制备设备要求较高。

（3）芬顿氧化技术

芬顿氧化技术是利用亚铁离子作为过氧化氢的催化剂，在酸性条件下，利用反应过程中产生的氢氧自由基的氧化作用，将经过二级生化处理印染废水中残留的难生物降解有机物彻底氧化降解或者分解生成小分子有机物，改善废水可生化性。

芬顿强氧化技术消耗一定量的酸和碱、双氧水及硫酸亚铁等化学药品，处理效率高，易控制，但是会产生大量污泥，并带入大量盐类进入水体，增加了后续膜处理过程的难度和成本。芬顿强氧化技术氧化效率高、适用性广，对大部分的降解有机物具有较强的矿化或分解作用。类芬顿高级氧化作为芬顿强氧化技术的改进工艺，可在弱酸性条件甚至中性条件下进行，但不宜处理含有浆料、多糖类物质的退浆废水、印花废水。

（4）膜分离技术

膜分离技术为防治印染厂废水深度处理、回用的重要技术，可提高废水回用率，减少废水排放量。印染废水回用的膜分离技术通常采用微滤、超滤、纳滤和反渗透。

膜是具有选择性分离功能的材料，利用膜的选择性分离实现料液的不同组分的分离、纯化、浓缩的过程称作膜分离。

a. 微滤。微滤膜是均匀的多孔薄膜，厚度为 90～150 μm，过滤粒径为 0.025～10 μm，操作压为 0.01～0.2 MPa。微滤膜主要用于截留悬浮固体、胶粒、细菌等粒径较大的颗粒。

b. 超滤。超滤的推动力是压力差，压力为 0.1～0.5 MPa，应用于高分子化合物、胶体溶液或气溶胶的分离以及液体的提纯、澄清和浓缩。其有效分离范围是 0.001 5～0.2 μm，截留相对分子质量为 500～3 000 000 Da。超滤系统简单、操作方便、占地小、投资较少、出水质优，可满足各类反渗透、纳滤装置的进水要求。

c. 纳滤。纳滤是一种介于反渗透和超滤之间的压力驱动膜分离过程，操作压力为 0.5～1 MPa。纳滤膜的孔径范围在几纳米左右，与超滤或反渗透相比，纳滤过程对单价离子和分子量低于 200 的有机物截留较差，而对二价或多价离子及相对分子质量介于 200～500 Da 的有机物有较高脱除率，纳滤对于钙、镁离子具有良好的截留效率，而相对于反渗透具有较低的操作压力，基于这一特性，纳滤在印染用水软化和印染废水回用中已经广泛应用。

d. 反渗透。反渗透膜分离技术是利用反渗透膜的选择透过性，以膜两侧的压差为动力，压力为 0.5～2 MPa，使溶剂透过而截留溶质实现浓液和清液的分离。

印染行业排污单位反渗透系统产生的淡水回用于生产线，浓水可经独立处理系统处理后排放，也可将浓水排入生化处理系统或混合废水调节池进行处理。

e. 电渗析。在外加直流电场作用下，利用离子交换膜的选择透过性，使离子透过离子交换膜，从一部分水中迁移到另一部分水中的物理过程，使水达到脱盐的目的。在印染行业中。电渗析可用于反渗透浓度的水的初级脱盐，脱盐率为 45%～90%，可进一步提高废水的回用效率，也是实现印染准零排放的重要步骤之一。

（5）人工湿地

人工湿地技术是模仿自然湿地的生态净化效应，将废水有控制地投配到土壤—植物—微生物构成的复合系统中，废水在该系统内沿一定方向流动，在土壤、微生物和耐湿植物联合作用下，废水得到净化。印染废水人工湿地深度处理所需占地面积较大，且必须落实人工湿地工程的防渗措施。水力负荷宜小于 0.10 m^3/（m^2·d），水力停留时间不少于 5 d。

该技术运行成本低廉，但占地面积较大，在土地资源丰富、气候适宜的条件下适使用。一般该工艺在出水水质要求高的条件可考虑采用，也可结合纺织工业园区建设进行推广。在做好防渗措施的前提下，该技术不产生二次污染。

6.2.2 废气污染治理可行技术

6.2.2.1 有组织废气

根据产排污环节的分析，纺织工业的有组织废气主要产生在印染生产环节。印染工业企业的有组织废气主要产生在印花、定型和涂层整理工段，及经废水处理系统产生的、有组织收集和排放的废气。

印染企业有组织废气污染治理可行技术可根据表 6-3 进行选择，大气排放口排放限值应满足 GB 14554 及 GB 16297 大气污染物综合排放标准，有地方排放标准的，从严执行。

表 6-3 印染企业有组织废气污染治理可行技术

产污环节	污染物项目	可行技术
印花	甲苯、二甲苯、甲醛等 VOCs	喷淋洗涤、吸附、生物净化、吸附—冷凝回收、吸附—催化燃烧
定型	印染油烟，甲苯、二甲苯、甲醛、甲醇等 VOCs	喷淋洗涤、吸附、喷淋洗涤—静电、生物净化
涂层整理	丁酮、DMF、甲苯、二甲苯等	喷淋洗涤、吸附、吸附—冷凝回收、吸附—催化燃烧、蓄热式燃烧、蓄热式催化燃烧
废水处理	氨气、硫化氢、有机酸和甲硫醇等	喷淋洗涤、生物净化

6.2.2.2　无组织废气

根据产排污环节的分析，纺织工业排污单位的无组织废气控制与管理，应符合 GB 50477、GBZ/T 212 的相关要求。

对于颗粒物无组织废气产生点，纺织工业排污单位应配备有效的废气捕集装置，如局部密闭罩、整体密闭罩、大容积密闭罩、车间密闭等，并配备滤尘设施。

对于挥发性有机溶剂、恶臭等无组织废气产生点，如调浆、醋酸调节等设施，纺织工业排污单位应采取密闭措施以减少废气散发。有机溶剂储存和装卸单元应配置气相平衡管或将产生的废气接入废气处理设施。异味明显的废水处理单元应加盖密闭，并配备废气收集处理设施。

对于露天储煤场、粉状物料储运系统，纺织工业排污单位应采取配备防风抑尘网、喷淋、洒水、苫盖等抑尘措施，且防风抑尘网不得有明显破损。煤粉、石灰石粉等粉状物料须采用筒仓等封闭式料库存储，其他易起尘的物料应遮盖。

6.2.2.3　废气治理技术

（1）喷淋洗涤技术

喷淋洗涤技术是通过对废气进行喷淋洗涤，气液直接接触，对废气进行有效降温，使得高温气体发生冷凝，同时废气中的有害气体、纤维、尘、油污被水雾捕集后经净化器进行固液分离的。同时，以水为吸收剂来吸收废气中的有机溶剂。

喷淋洗涤技术的优点为运行稳定，净化效率高且不易堵塞，能去除大部分直径在 2 μm 以上的悬浮物颗粒，净化后烟气的油烟浓度较低，运行成本介于机械净化和静电除尘。缺点是对直径在 1 μm 以下的次微小颗粒物去除效率不高。常用的喷淋洗涤装置有文丘里洗涤塔、旋涡洗涤塔、填料床洗涤器等。

印染定型废气，经收集、喷淋净化、降温后的气体进入脱水区，脱水后的洁净气体由净化器顶部排风管排入大气。对于涂层废气等含有有机溶剂成分较高的废气，可以吸收二甲基酰胺（DMF）、丁酮等水溶性高的溶剂，而对于水溶性差的甲苯等物质去除效率较差。

（2）冷凝技术

冷凝技术是利用挥发性有机物在不同温度和压力下具有不同饱和蒸气压这一特性，采用降低系统温度或提高系统压力的方式，使 VOCs 从气态转变为液态进而实现分离的。

目前主要采用水-气、气-气热交换的方式进行有机废气冷凝，同时进行热能回收。

冷凝法适用于回收蒸汽状态的有机溶剂，如定型废气等。该法适用于有机废气浓度高、温度低、风量小的工况。

（3）静电处理技术

静电处理技术是利用静电场使颗粒物获得荷电，形成荷电颗粒物，在电场力作用下向集尘极定向移动进而被捕获。

干式静电除尘在处理定型机废气时，电极易被油性物质黏附，造成极板结垢，导致放电效果差、处理效率低。为保证处理好的效果，需经常清洗维护。定型机废气的高温会使黏附在电极表面的油性物质存在火灾隐患。湿式静电除尘通过极板表面的保有水膜，难以使黏附性油脂积聚，无颗粒物逸散现象，但需考虑洗涤废液的处理和避免二次污染。湿式静电除尘去除效率高且操作压损小，附带有去除腐蚀性、毒性、少量臭味废气功能，在定型机废气处理中应用趋于广泛。该技术适用于热定型机废气的油烟处理。

（4）吸附技术

吸附技术是指利用颗粒活性炭、活性炭纤维或分子筛等具有高比表面积物质的特性，吸附去除废气中污染物的净化技术。

吸附法适用于大风量、低湿度、各种浓度有机废气的净化处理。吸附技术结合高效脱附技术，可实现降低成本、回收资源等目的。活性炭对于某些污染物的吸附容量小，有些组分还会造成吸附剂中毒，系统运行管理要求相对较高。

（5）燃烧技术

燃烧技术指燃烧含有机污染物废气，有机污染物经燃烧后转化成为 CO_2 和 H_2O，纤维颗粒物经燃烧转化为 CO_2，实现污染物彻底去除，且燃烧过程释放出的反应热，可回收利用。应用较为普遍的蓄热式燃烧技术（RTO）利用蓄热陶瓷吸收废气燃烧释放的热量为进口处废气预热，一般不需要添加辅助燃料。一般有 2～3 个蓄热室，蓄热室内的蓄热陶瓷吸收燃烧后废气产生热量，废气交替从蓄热室进入或排放，以达到换热的目的。焚烧膛内的温度一般高于 800℃，处理效率可高达 99.9%，热利用率可高于 94%，适用于热值较高的有机废气处理。RTO 需要较高的防火防爆安全性设计和制造技术。

对于定型机废气，热值较低，难以直接燃烧，一般在处理过程中需要添加一定的辅助燃料。催化燃烧处理（RCO）存在催化剂中毒的可能，特别是定型机废气中含硫化物或矽酮类物质，在进行催化燃烧之前，需去除废气中的硫及烃类物质。热力燃烧需预先增温，适用于高浓度有机废气处理，投资运行成本较高。

（6）生物处理技术

生物处理技术主要去除废气中的 VOCs。生物法净化有机废气的速率主要取决于气相和液相中有机污染物的扩散速率及其生化降解速率。常规生物反应器有生物滤池、生物滴滤池和生物洗涤。生物处理技术适用于亲水性较强的溶剂，且易于生化降解。对于疏水性溶剂成分较多的废气，需要适当增加停留时间或添加增溶剂。

a. 生物滤池。生物滤池是一种利用天然滤料（如泥炭、土壤、堆肥等）作为生物填料的废气净化方法，一般不需接种高效降解菌株，适用于大气量、低浓度的易生物降解 VOCs 的处理。具有气液接触面大、操作简单、运行费用低等优点，但存在反应条件不易控制、易堵塞、占地面积大、对进气负荷波动适应慢等缺点。

b. 生物滴滤池。生物滴滤池工艺是在传统生物过滤的基础上发展而来的，所用填料多为孔隙率高、比表面积大、不易压实的惰性填料（陶瓷、塑料等）。生物滴滤工艺通过持续流动的营养液，使 pH、温度等反应条件易于控制，因此更适于处理酸性废气。含有目标污染物的废气进入生物反应器后，与含有无机盐的营养液直接接触、传质进入水相，并进一步被接种的微生物相吸收降解。

c. 生物洗涤。生物洗涤工艺不同于生物过滤和生物滴滤工艺的生物膜形式，而是微生物呈悬浮流化状态，强化了循环水的生化过程，具有较高的微生物浓度，污染物负荷也较高，废气吸收塔和循环水反应器分开设置，微生物随水流在吸附塔和反应器间流动，废气经过吸附塔与含有大量微生物的循环水和填料接触，污染物被填料吸附，转移至水相，在反应器中微生物快速降解。气体空床停留时间一般为 20～36 s。

第 7 章　污染治理工程案例

7.1　废水治理工程案例1：棉织物印花

7.1.1　企业生产基本情况

某印染企业主要生产真蜡、仿蜡、活性印花布及服装面料产品，面料以棉为主，主导产品蜡染花布出口亚非拉地区，年销售收入 20 亿元，年利税 1.2 亿元。产生的印染废水由企业自行设计工程处理，设计日处理废水 10 000 t，中水回用 7 000 t，采用传统的以生化+膜法处理回用的技术组合。

7.1.2　废水处理工艺说明

7.1.2.1　废水组成及水质

（1）废水来源

① 前处理废水主要包括退浆、煮练、丝光和漂白废水。退浆废水和煮练废水含棉共生杂质、浆料、碱剂和表面活性剂等，颜色深、碱性强，有机污染物浓度高。丝光废水主要含碱剂，少量浆料和棉纤维杂质，有机污染物负荷低，可回用于退浆、煮练等工段。漂白废水含残余漂白剂及漂白助剂，污染轻，与处理水混合后可直接纳管。

② 蜡染印花生产工序主要包括前处理、打底、上蜡、甩蜡纹、染色、机械洗蜡、皂化脱蜡、印花、水洗、后整理等加工过程。其生产废水由前处理废水、机械洗蜡废水、皂化脱蜡废水和印花后水洗废水组成。机械洗蜡废水主要含有大量的松香蜡、靛蓝染料（或冰染料），悬浮物每升高达数万毫克；皂化脱蜡废水含有大量皂化松香蜡、碱剂等，色度高，pH 高达 13 以上。由于印花浆料中需加入大量尿素作为助剂，导致总氮浓度较

高，达到 400～600 mg/L。

③ 印花后水洗废水含印花糊料、未固色染料、助剂等，色度高。

（2）废水水质

废水水质参考现在企业水质以及相关行业标准，原水水质水量见表 7-1；设计处理后排放的废水水质应满足工业园区污水纳管要求，见表 7-2；回用水水质要求见表 7-3。

表 7-1　原水水质水量

项目	水量/（m^3/d）	色度	pH	COD/（mg/L）	BOD/（mg/L）	SS/（mg/L）	总氮/（mg/L）	氨氮/（mg/L）
限值	10 000	1 000	3～14	2 000～3 000	500	1 000	400～600	50～100

表 7-2　园区集中污水处理设施纳管要求

项目	水量/（m^3/d）	色度	pH	COD/（mg/L）	SS/（mg/L）	氨氮/（mg/L）	总氮/（mg/L）	总磷/（mg/L）
限值	3 000	80	6～9	200	100	20	30	1.5

表 7-3　回用水水质要求

项目	pH	色度	悬浮物/（mg/L）	COD/（mg/L）	锰/（mg/L）	铁/（mg/L）	总硬度
限值	6～9	不得检出	不得检出	≤10	≤0.1	≤0.1	7

7.1.2.2　废水处理工艺

（1）预处理

针对废水水质情况，废水分道后对蜡染废水进行松香回收，采用的工艺流程是：机械洗蜡废水分流后采用部分回流加压溶气双级气浮工艺处理，可分离出绝大部分松香蜡，气浮后出水流入回用水池可回用于洗蜡车间，实现封闭循环。皂化脱蜡废水分流后经酸化破乳可使大量松香皂转变为疏水性松香，经过酸析池后，析出松香送到松香蒸馏区域，废水进入水质净化厂集水井内。

（2）物化+微氧循环流（MBR）

蜡染酸析出水与其他印染废水经收集以后，一并排入水质净化厂废水集水井，经水泵一次提升进入调节池进行水质水量调节，在调节池前端有一个细格栅，废水经过调节池匀质匀量后经水泵二次提升进入物化沉淀池的混凝反应区，经过 pH 调节、投加 PAC

和 PAM，经快速混合和慢速反应程序后，进入沉淀池进行固液分离，沉淀污泥由污泥斗经过排泥井重力排进污泥脱水机房污泥池。沉淀池出水自流进入水解酸化池，大分子的有机物经过微生物的厌氧水解酸化分解为小分子有机物，提高了废水的可生化性。水解酸化池出水依靠重力自流进入气提大循环 MBR 生化池，在低溶解氧、高污泥浓度、大回流的条件下进行充分生化反应，吸附、氧化、降解废水中的有机物。

微氧循环流 MBR 生化池分为缺氧区、好氧区和 MBR 膜反应区。经过 MBR 膜反应区处理后的出水，部分供给业主回用和作为 RO 进水，部分达标排放。微氧循环流工艺是基于先进的同步硝化反硝化脱氮理论为基础的高效一体化生物处理系统，它通过控制曝气池溶解氧（0.5 mg/L 左右），在单一池体内不仅完成对有机物的彻底去除，更重要的是实现了硝化反硝化的同步进行，且短程硝化反硝化占相当大的比例。普通工艺曝气管或曝气盘的布置间距约为 100 cm，微氧循环流工艺相邻曝气软管之间的距离只有 10～15 cm，均匀敷设在池底，实现无死角；微氧循环流工艺曝气软管的通气量只有 0.5～1.0 m^3/（m^2·h）。该系统不仅简化了系统脱氮的运行流程，降低了对碳源的需求，提高了脱氮效率，同时大幅降低了运行成本，节省了占地及投资。

（3）深度处理（回用处理）

MBR 池出水进入 RO 反渗透系统进行回用处理，RO 反渗透系统主要由保安过滤器、高压水泵、反渗透装置、RO 水箱及控制系统组成。经 RO 反渗透系统处理后，产水水质达到或优于回用水水质标准，可进行生产回用，浓水进行混凝脱色处理后汇同部分 MBR 出水达标排放。

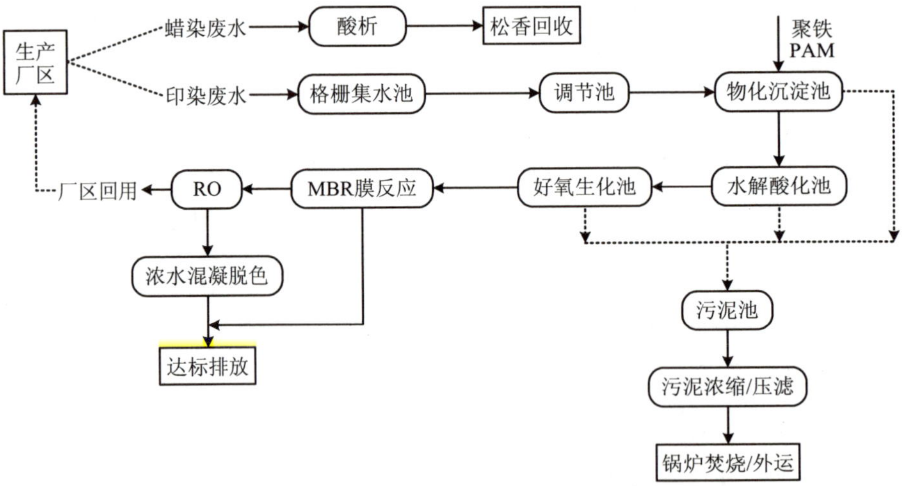

图 7-1 棉印花废水处理典型工艺流程图

7.2　废水治理工程案例2：毛纺综合废水

7.2.1　企业生产基本情况

某印染企业为集洗毛、制条、纺纱、织造、印染于一体的全能型精毛纺面料生产企业，公司年生产各类精纺面料 1 000 万 m、粗纺面料 200 万 m、梳条 6 000 t、针织绒 1 000 t 棉、涤棉 3 000 万 m、毛印染 800 万 m、化纤整理 500 万 m。产生的印染废水由企业自行设计工程处理，设计日处理废水 15 000 t，采用了混凝物化和“厌氧+缺氧+好氧”生化工艺，保证出水水质达到 GB 4287 的直接排放的要求。

7.2.2　废水处理工艺说明

7.2.2.1　废水组成及水质

企业废水为综合废水，包括精毛纺废水、洗毛废水、印染废水、针织印染废水和生活污水。各种废水的具体水质水量信息如表 7-4 所示。

表 7-4　综合废水中各类进水水质参数

废水种类	COD/（mg/L）	色度/倍	pH	SS/（mg/L）	水量/（m^3/d）
精毛纺废水	1 000	128	6～7	200	3 000
洗毛废水	3 000	64	6～6.5	200	400
印染废水	2 500	512	9～11	400	9 000
针织印染废水	600	256	8～11	1200	2 000
生活污水	400	—	6.5～7.5	400	600
综合废水	1 500	400	8.5～11	350	15 000

根据企业的生产工艺特点，精毛纺、洗毛废水中 COD 浓度较高，因此需经过化学混凝预处理后进入污水处理站。印染废水中主要是退浆废水、丝光废水和印染废水。其中退浆废水 COD 高达每升数千至上万毫克，且 pH 高，浆料 PVA 很难生物降解，印染废水 COD 为 2 000 mg/L 以上，有机污染物以活性染料和分散染料为主，而丝光废水 COD 仅为 200～400 mg/L，其碱液回收，因此印染废水 pH 为 11 左右。由于这股废水水量大（达 9 000 m^3/d），pH 高，采用预处理可显著去除 COD、色度，降低 pH，减轻后续生物处理

的负荷；针织印染废水，由于加工棉、毛、丝、麻、化纤等纤维的水质各不相同，因此混合针织印染废水 COD 平均值为 600 mg/L。各类废水经过预处理后混合形成综合废水，COD 值约为 1 500 mg/L，该废水为污水处理站的进水。

7.2.2.2 废水处理工艺

毛纺综合废水处理工艺流程如图 7-2 所示。

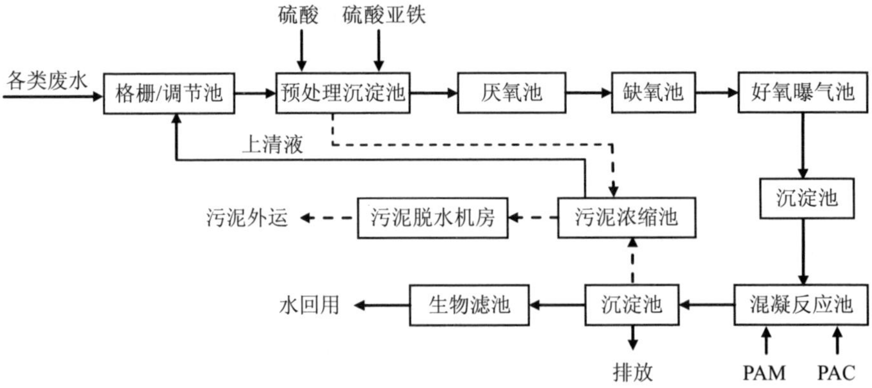

图 7-2 毛纺综合废水处理工艺流程图

针对该企业综合废水的水质特点，采用混凝物化和“厌氧+缺氧+好氧”生化工艺，保证出水水质达标；另外，生化处理采用“厌氧+缺氧+好氧”工艺，剩余污泥回流至厌氧池，优化了染料降解性能，同时起到了污泥减量化的作用。

在该处理工艺中，各种废水通过排污管道，靠重力自流或压力流进格栅/调节池，调节池出水用泵提升到预处理池，加酸调节 pH，并加药混凝沉淀，去除废水中的 PVA 浆料、分散染料和其他悬浮颗粒、胶体。然后进入折流式厌氧生物滤池，难生物降解的 PVA、染料、助剂、洗涤剂及微量羊毛脂等物质，在厌氧条件下被打断分子链、分子量降低，发色基团被打开，废水的 B/C 值提高。在厌氧池与好氧曝气池之间设置缺氧池，缺氧池底部设置曝气管进行微氧曝气，控制溶解氧在 0.5mg/L 左右，同时可以通过回流进行脱氮。

缺氧池出水进入好氧曝气池进行生物降解，经生化沉淀池固液分离后，污泥回流至好氧曝气池。剩余污泥返回厌氧池，进行污泥减量化。生化沉淀池出水进入混凝反应池，进行混凝脱色反应后混合液进入物化沉淀池，进行固液分离。部分沉淀池出水进入生物滤池进行深度处理（企业需部分回用水用于车间）。物化污泥经浓缩池浓缩后脱水，泥饼外运填埋处理，浓缩液及污泥过滤液进入混凝反应池进一步处理。

7.3　废水治理工程案例3：化纤印染废水

7.3.1　企业生产基本情况

某印染公司主要生产化纤高档面料，以涤纶、涤棉为主要产品。废水处理设计规模为 10 000 t/d，实际每日处理废水约 9 500 t，入网排放量约 2 800 t，再生回用水 6 650 t，回用率达到 70%以上。

7.3.2　废水处理工艺说明

7.3.2.1　废水组成及水质

该企业生产管理严格，生产废水按工艺性质进行分类收集，可分为高浓度废水和低浓度废水，高浓度废水包括前处理的退浆废水、碱减量废水和精练废水，低浓度废水包括染色、漂洗、清洗等废水。经清浊分流后，浓废水 2 000 t/d，淡废水 8 000 t/d。具体水质情况见表 7-5 和表 7-6。

表 7-5　高浓度废水水质情况

项目	水量/（m^3/d）	色度	pH	COD/（mg/L）	SS/（mg/L）
限值	2 000	120	11～13	5 000	1 000

表 7-6　低浓度废水水质情况

项目	水量/（m^3/d）	色度	pH 值	COD/（mg/L）	SS/（mg/L）
限值	8 000	800	8～11	600	200

7.3.2.2　废水处理工艺

涤纶化纤印染废水处理要求达到 GB 4287 的要求，工艺流程如图 7-3 所示。

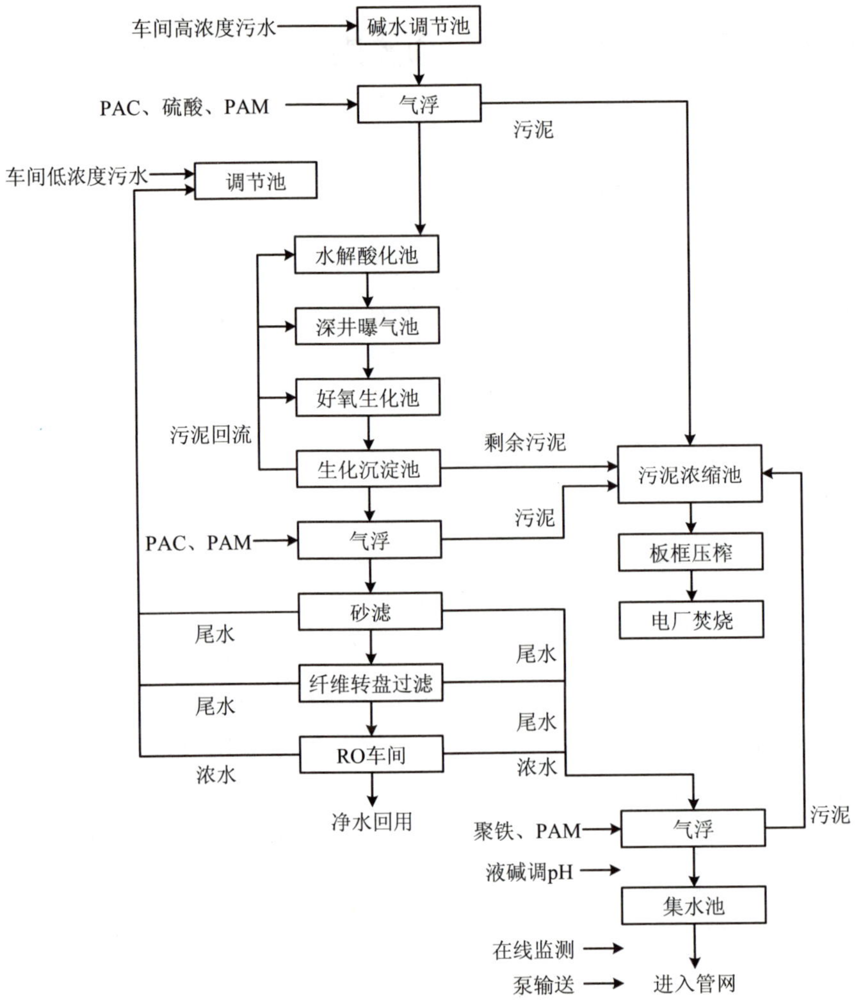

图 7-3 涤纶化纤印染废水处理典型工艺流程图

（1）高浓度废水预处理工艺

用硫酸调 pH，在酸性条件通过酸析析出 PET 低聚物，加药混凝沉淀对 SS 进行去除，COD、SS 指标可降至 80%左右。

（2）低浓度废水处理工艺

高浓度废水预处理后与低浓度废水混合进入生化系统，经水解酸化、深井曝气池、好氧活性污泥后，再经混凝气浮、砂滤、精密过滤和 RO，实现 70%的废水再生，RO 浓水经混凝气浮，实现锑的达标排放。

7.4　废水治理工程案例4：麻脱胶废水

7.4.1　企业生产基本情况

某企业主要生产产品为精干麻、麻条，其麻脱胶工艺为传统的化学脱胶法。主要生产工艺如图 7-4 所示。

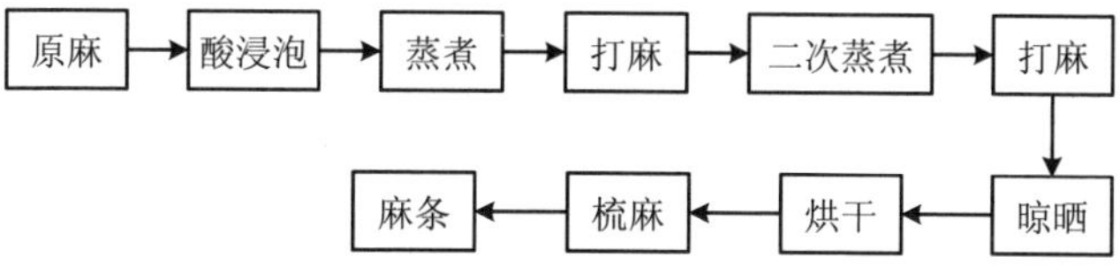

图 7-4　企业的麻脱胶工艺流程图

其加工的原麻为苎麻，收割后的苎麻晾干后经过酸液浸泡，附着在麻纤维上的胶质和纤维素得以软化和水解，经过一次蒸煮后和机械打麻、敲麻，进一步使麻纤维及附着的胶质和纤维素松软和去除，经过二次蒸煮和二次打麻、敲麻后完全去除胶质和纤维素，得到软湿的精干麻，后经晾晒、烘干、梳麻等步骤得到产品精干麻。

7.4.2　废水处理工艺说明

7.4.2.1　废水组成及水质

麻脱胶生产过程中产生的废水浓度差异较大，其中酸泡阶段产生的废水 COD 在 400～500 mg/L，碱液蒸煮阶段产生的废水 COD 在 8 000～12 000 mg/L，打麻过程的冲洗水 COD 在 150～200 mg/L。其中打麻过程的冲洗用水约占麻脱胶工艺用水量的 50%，不加以回用的情况下用水量更多。

7.4.2.2　污水处理工艺

该企业的废水处理出水水质达到 GB 28938 的要求，工艺流程如图 7-5 所示。

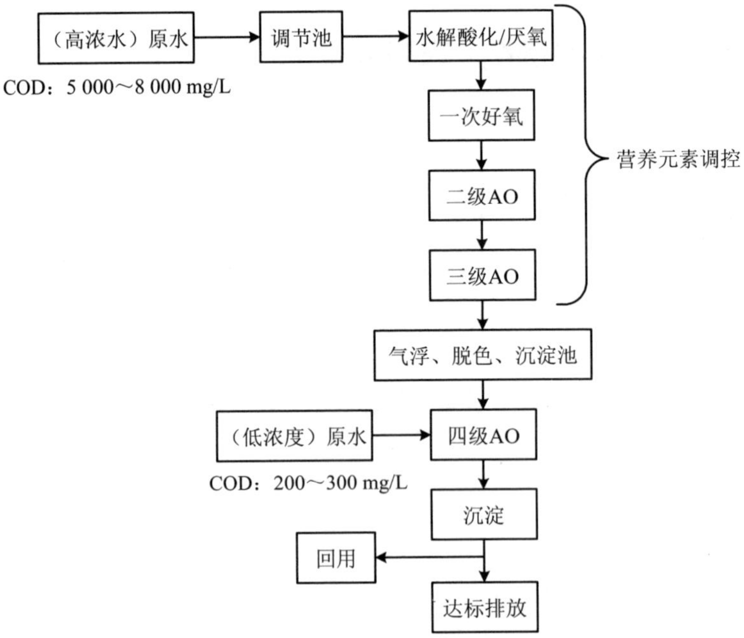

图 7-5　麻脱胶废水处理工艺流程图

根据水质特点，该企业对废水进行分股处理，一股为酸浸泡废水+碱蒸煮的高浓度废水，同时废水酸碱中和能够减少外加 pH 调节剂的用量；第二股为打麻的低浓度废水。该工艺有针对性地对两股废水进行了有差别的处理，使得整个废水处理效率远远高于一般处理工艺，出水 COD_{Cr}＜40 mg/L、NH_3-N＜8 mg/L，甚至能够满足厂区杂用水回用的要求。

该工艺的特色在于：对于高浓度碱煮废水，其中含有大量有机物，包括易生化降解的游离果胶、皂化后的脂蜡质等和不易生化降解的木质素、半纤维素、纤维素等物质，通过二级或三级的 AO 处理，使绝大部分难降解物质也能得到去除；对低浓度打麻冲洗废水，其中含有较多颗粒物、悬浮物等物质，COD 值低，通过沉淀等手段后，将废水汇入污水处理设施，进行第四级的 AO 处理工艺，最终排放的污水各项指标均远低于排放标准，甚至达到厂区的回用水要求。该工艺的优点也是难点，在于多级 AO 体系的平衡调控，使得整个系统能够处于高效运行状态，废水处理成本控制在 2～3 元/t。

7.5　废气治理工程案例5：化纤定型机废气

7.5.1　企业生产基本情况

某印染公司主要从事装饰布染色和经编布染色加工。其中，装饰布印染年产量 6 000 t，经编布印染年产量 12 000 t。主要生产工艺如图 7-6 所示。

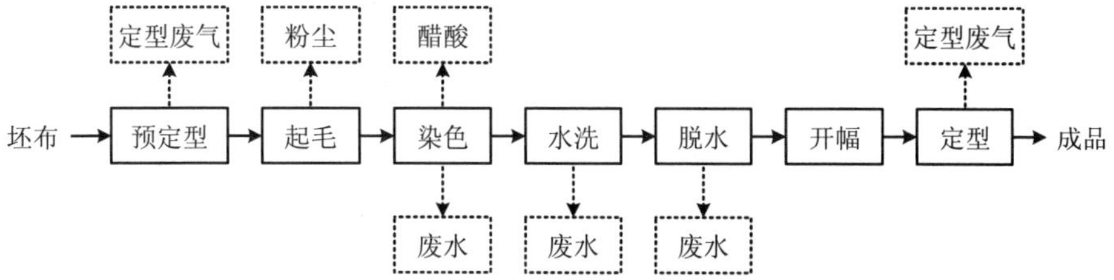

图 7-6　企业产品生产工艺流程图

7.5.2　废气处理工艺说明

7.5.2.1　废气组成

该企业定型废气主要包括预定型废气和烘干定型废气，废气处理要求达到 DB 33/962 的要求。

预定型工序的目的是固定面料幅宽、平整度等技术要求，其中预定型温度在 200～220℃，由直燃式天然气提供热源；烘干定型工序的目的是减少织物的缩水率，提高成品尺寸稳定，保持织物布幅整齐，其中定型温度约为 160℃。在印染生产过程中涉及染料、助剂等的使用。这些物质在烘干、定型等工序中由于温度升高而部分挥发，产生有机废气等。定型废气中主要污染因子为定型油烟和颗粒物。

7.5.2.2　废气处理工艺

该企业定型废气采用“水喷淋+静电”二级处理装置，共设置有 7 套定型废气处理设施（每两台定型机共用 1 套），每套处理设施风机风量为 15 000 m^3/h，定型废气经处理后高空排放，排放高度为 25 m。

该企业的定型废气具体处理工艺流程如图 7-7 所示，废气处理装置示意图如图 7-8 所示。

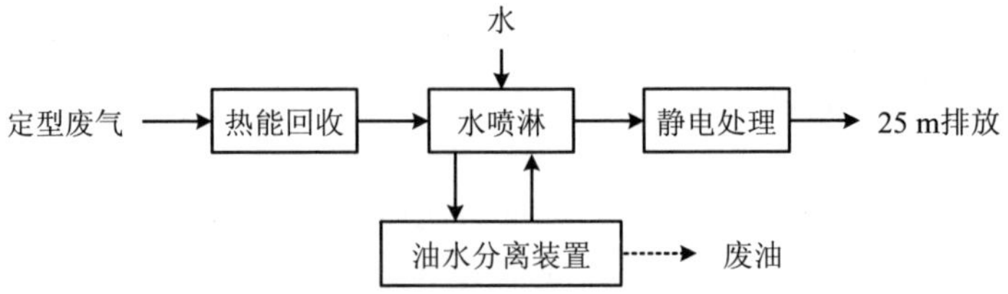

图 7-7　定型机废气处理工艺流程图

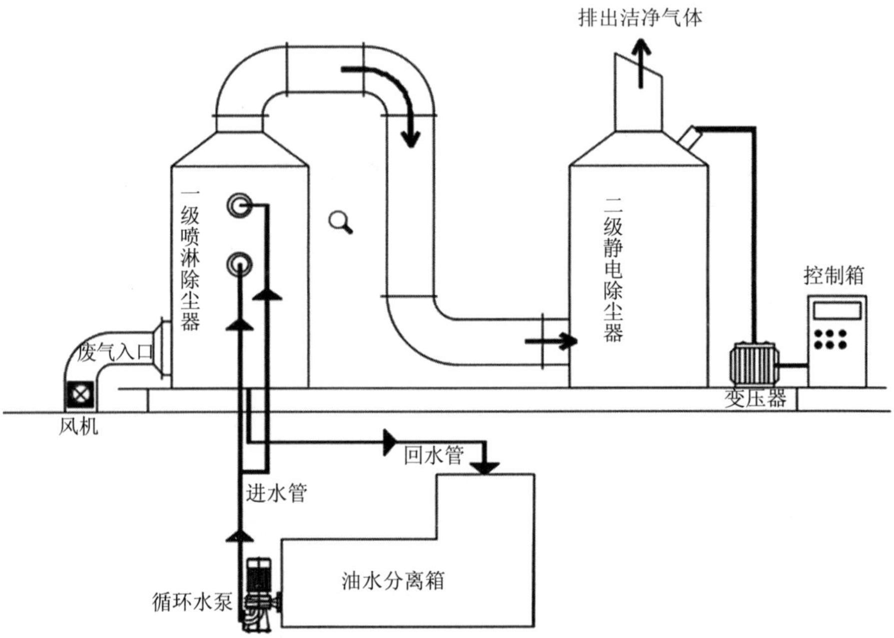

图 7-8　定型机废气处理工艺示意图

该企业定型废气处理采用“水喷淋洗涤—湿式静电除尘”技术。废气首先经过换热装置回收热量并降温，然后经“水喷淋—静电”处理后由排烟风机排出室外，排气筒高度为 25 m，废气收集效率大于 97%，油烟去除效率达到 80%以上，颗粒物去除效率达到 85%以上，能够满足废气排放的要求。

废气中的有害气体、纤维、尘和油污被水雾捕集后，再经净化器固液、油水分离，一般对粒径大于 10 μm 的油雾气溶胶去除效果较好，而定型废气中大于 10 μm 的油雾气溶胶所占比例一般在 50%左右，其余 50%为小于 10 μm 的微细气溶胶。经过换热装置降温后的烟气从底部进入喷淋洗涤单元，洗涤液从环状分布的喷头喷出，产生的水雾与含油烟气充分接触，并相互碰撞，洗涤过程可去除废气中大部分粒径较大的油烟颗粒，达到去除油烟的目的。气体温度在塔内进一步降低至 60~70℃，气体的绝对湿度增大，相对湿度增至近 100%。喷淋塔底排出的含油污水，在油水分离器中静置分层，上浮的废油可回收利用，下层的污水排入污水处理厂，中层的清液可循环使用。

静电原理为在气溶胶通过高压静电场时与电离的负离子结合而带上负电，继而吸附到正极被收集，具有处理效率高、能够除去的粒子粒径范围较宽、可以净化较大气量以及温度较高的含气溶胶废气等优点。喷淋洗涤后含湿量接近饱和的废气，进入冷凝管束式的湿式静电除尘单元。废气自下向上从管内流过时，被管束间的介质冷却降温，废气中的水气和油气分别冷凝成为水雾和油雾；在高压脉冲静电场作用下，亚微米级的油雾与水雾颗粒一同被高密度的电子附着、荷电，向管内壁作定向迁移并被收集捕获后，废气经顶部的排气筒排入大气，且电晕放电产生的臭氧和等离子体有消除废气的刺激性恶臭气味的作用。

该企业定型废气采用“水喷淋—静电”处理后排放的废气污染物指标如表 7-7 所示。

表 7-7 处理后排放的废气污染物指标

污染物	油烟	颗粒物
废气排放口浓度/（mg/m^3）	1.7～1.94	4～13
废气去除率/%	≥80	≥85

参考文献

[1] 蔡如钰. 纺织印染企业环境影响评价清洁生产分析[J]. 能源与环境，2008，6：54-56.

[2] 陈红梅，王胜鹏，俞建芳. 纺织品及纺织化学品中的高关注度物质（SVHC）[J]. 现代纺织技术，2012，20：48-55.

[3] 陈伟立. 纺织印染行业清洁生产审核要点及典型清洁生产方案[J]. 化学工程与装备，2012，6：199-200.

[4] 戴伟平，邓小刚，吴成志. 美国排污许可证制度200问[J]. 环境保护，2017，45：4.

[5] 邓燕平，周律，杨海军，等. 棉针织染整行业再生水回用关键水质指标值的确定[J]. 给水排水，2010，46：151-153.

[6] 丁嫱津. 清洁生产审核在某印染企业的实践研究[D]. 中国石油大学（华东），2016.

[7] 丁思佳，林琳. 2016年中国印染行业发展报告[J]. 染整技术，2017，39：1-5，13.

[8] 付乐乐，李方，吴亮，等. 超滤膜深度处理染整废水的膜污染机理[J]. 环境工程学报，2013，7：1313-1318.

[9] 高萍. 环境保护税实施情况分析及完善建议[J]. 税务研究，2019，1：21-24.

[10] 耿锋，戴海平. 膜技术在纺织印染工业清洁生产中的应用[J]. 水处理技术，2005，11：1-4.

[11] 国家环境保护总局. 清洁生产标准纺织业（棉印染）：HJT185-2006 [S]. 北京：中国环境出版社，2006.

[12] 国家统计局，生态环境部. 2018中国环境统计年鉴[M]. 北京：中国统计出版社，2019.

[13] 贺庆玉. 针织概论[M]. 北京：中国纺织出版社，2012.

[14] 贾雪梅，周杜牧，杨竞宪. "一证式"管理推进企业污染防治——以纺织印染行业排污许可证管理为例[J]. 环境影响评价，2019，41：24-27.

[15] 姜辉，高华生，李小明，等. 循环水净化染整定型机废气的初步研究[J]. 环境污染与防治，2008，1：41-43.

[16] 蒋锡贞. 浅析纺织印染项目环境影响评价中的清洁生产分析[J]. 化学工程与装备，2010，9：205-207.

[17] 雷乐成，张清宇. 纺织印染行业清洁生产技术[J]. 环境工程，1997，6：57-60.

[18] 李方，杨波，田晴，等. 大型纺织染整企业综合废水处理工程设计[J]. 环境工程，2008，5：77-79，5.

[19] 李方，杨波，田晴，等. 水解酸化应用于剩余污泥减量的试验研究[J]. 环境工程学报，2008，9：1247-1250.

[20] 李凌云，蔡如钰，潘文斌. 纺织印染行业清洁生产方案研究与建议[J]. 能源与环境，2014，1：20-21.

[21] 李宇庆，马楫，宋小康，等. 印染废水处理与回用技术应用研究[J]. 工业水处理，2016，36：95-97.

[22] 林业星，沙克昌，王静，等. 国外排污许可制度实践经验与启示[J]. 环境影响评价，2020，42：14-18.

[23] 刘添涛，丁思佳，李鹏飞. 印染行业各口径数据污染源源强核算分析[J]. 印染助剂，2020，37：1-4.

[24] 刘伟，李万庆，周广琨. 纺织染整行业实施清洁生产后取得的成效——以天津市高新纺织工业园为例[J]. 城市环境与城市生态，2008，1：41-43.

[25] 鲁玉龙，李刚. 纺织染整行业定型机废气污染治理与控制技术措施研究[J]. 环境工程，2016，34：

565-568.

[26] 吕伯昇，杨晓峰，杨宏沙，等. 印染行业废水、废气集成控制工程技术[J]. 水处理技术，2006，8：91-93.

[27] 马春燕，李方，沈忱思，等.《排污许可证申请与核发技术规范纺织印染工业》（HJ 861—2017）的制定工作[J]. 中国科技成果，2019，20：4-5.

[28] 马春燕，奚旦立，刘媛，等.《纺织染整工业废水治理工程技术规范》修订思路[J]. 印染，2016，42：51-53.

[29] 毛艳梅，奚旦立，杨晓波. 印染废水深度处理技术及回用的现状和发展[J]. 印染，2005，8：46-48.

[30] 平建明. 毛纺工程[M]. 北京：中国纺织出版社，2007.

[31] 钱易，米祥友. 现代废水处理新技术[M]. 北京：中国科学技术出版社，1993.

[32] 秦曾雄. 浅谈排污许可制实施中问题及对策建议[J]. 环境与可持续发展，2019，44：42-44.

[33] 邵刚. 膜法水处理技术及工程实例[M]. 北京：化学工业出版社，2003.

[34] 沈百鑫，李志林. 从中德比较论我国环境许可制度的发展[J]. 中国环境管理，2018，10：47-55.

[35] 孙启宏，韩明霞，乔琦，等. 辽河流域重点行业产污强度及节水减排清洁生产潜力[J]. 环境科学研究，2010，23：869-876.

[36] 佟欧. 印染行业节水减排清洁生产指标体系的构建及最佳可行技术研究[D]. 大连理工大学，2011.

[37] 王焕松，柴西龙，姚懿函. 排污许可制度基层实践与顶层设计优化探索[J]. 环境保护，2018，46：24-26.

[38] 王金南，吴悦颖，雷宇，等. 中国排污许可制度改革框架研究[J]. 环境保护，2016，3：10-16.

[39] 王军霞，陈敏敏，穆合塔尔·古丽娜孜，等. 美国废水污染源自行监测制度及对我国的借鉴[J]. 环境监测管理与技术，2016，28：1-5.

[40] 王军霞，刘通浩，张守斌，等. 排污单位自行监测监督检查技术研究[J]. 中国环境监测，2019，35：23-28.

[41] 卫小平. 环境影响评价与排污许可制的衔接对策研究[J]. 环境保护，2019，47：33-36.

[42] 谢明辉，乔琦，孙启宏. 清洁生产减排潜力分析方法研究[J]. 环境科学与技术，2011，2：318-321.

[43] 杨懿乐，张玉惕. 新编丝织工艺学[M]. 北京：中国纺织出版社，2001.

[44] 曾维华，邢捷，化国宇，等. 我国排污许可制度改革问题与建议[J]. 环境保护，2019，47：26-31.

[45] 张怀东，丁思佳. 关于推进纺织印染行业清洁生产的几点思考[J]. 染整技术，2019，41：1-2，6.

[46] 张静，蒋洪强，周佳. 基于排污许可的环境标准制度改革完善研究[J]. 中国环境管理，2017，9：30-33.

[47] 张林生. 印染废水处理技术及典型工程[M]. 北京：化学工业出版社，2005.

[48] 中华人民共和国环境保护部，国家质量监督检验检疫总局. 麻纺工业水污染物排放标准：GB 28938—2012[S]. 北京：中国环境科学出版社，2012.

[49] 中华人民共和国环境保护部，国家质量监督检验检疫总局. 毛纺工业水污染物排放标准：GB 28937—2012[S]. 北京：中国环境科学出版社，2012.

[50] 中华人民共和国环境保护部，国家质量监督检验检疫总局. 缫丝工业水污染物排放标准：GB 28936—2012[S]. 北京：中国环境科学出版社，2012.

[51] 中华人民共和国环境保护部，国家质量监督检验检疫总局.《纺织染整工业水污染物排放标准》

（GB 4287—2012）修改单，2015.

[52] 中华人民共和国环境保护部. 关于调整《纺织染整工业水污染物排放标准》（GB 4287—2012）部分指标执行要求的公告：环境保护部公告[2015]41 号，2015.

[53] 中华人民共和国环境保护部. 2015 中国环境状况公报[R]. 北京：2015：中华人民共和国环境保护部，2016.

[54] 中华人民共和国生态环境部. 排污单位自行监测技术指南 纺织印染工业：HJ 879—2017[S]. 北京：中国环境科学出版社，2017.

[55] 中华人民共和国生态环境部. 排污单位自行监测技术指南 总则：HJ 819—2017[S]. 北京：中国环境科学出版社，2017.

[56] 中华人民共和国生态环境部. 排污许可证申请与核发技术规范 纺织印染工业：HJ 861—2017[S]. 北京：中国环境科学出版社，2017.

[57] 中华人民共和国生态环境部. 排污许可证申请与核发技术规范 锅炉：HJ 953—2018[S]. 北京：中国环境科学出版社，2018.

[58] 中华人民共和国生态环境部. 排污许可证申请与核发技术规范 总则：HJ 942—2018[S]. 北京：中国环境科学出版社，2018.

[59] 中华人民共和国生态环境部，国家质量监督检验检疫总局. 纺织染整工业水污染物排放标准：GB 4287—2012[S]. 北京：中国环境科学出版社，2012.

[60] 朱虹. 印染废水处理技术[M]. 中国纺织出版社，2004.

[61] 邹世英，柴西龙，杜蕴慧，等. 排污许可制度改革的技术支撑体系[J]. 环境影响评价，2018，40：1-5.

[62] Bang G，Victor DG，Andresen S. California's Cap-and-Trade System：Diffusion and Lessons. Global Environmental Politics，2017，17：12-30.

[63] Dogan B，Kerestecioglu M，Yetis U. Assessment of the best available wastewater management techniques for a textile mill：cost and benefit analysis. Water Science & Technology，A Journal of the International Association on Water Pollution Research，2010，61：963-970.

[64] EPA.NPDES permit writers' manual [EB/OL].（2010-09-01）[2018-09-16]. https://www.epa.gov/sites/production/files/2015-09/documents/pwm_2010.pdf.

[65] EPA.NPDES compliance inspection manual [EB/OL].（2004-07-01）[2018-10-18]. https://www. epa.gov/npdes/about-npdes#types.

[66] EPA.NPDES permit basics [EB/OL].（2018-07-25）[2018-11-18]. https://www.epa.gov/npdes/npdes-permit-basics.

[67] Feng F，Xu Z，Li X，You W，Zhen Y. Advanced treatment of dyeing wastewater towards reuse by the combined Fenton oxidation and membrane bioreactor process. Journal of environmental sciences，2010，22 11：1657-1665.

[68] Guan B，Wu Z，Xu G. Kinetics of aerobically activated sludge on terylene artificial silk printing and dyeing wastewater treatment. Journal of Zhejiang University-Science A（Applied Physics & Engineering），2004，5：441-449.

[69] Guan B，Xu G，Tan T. Control and effects of pH of printing and dyeing wastewater on activated sludge. Gao Xiao Hua Xue Gong Cheng Xue Bao/Journal of Chemical Engineering of Chinese Universities，

2002，16：316-320.

[70] Huang B，Hu Z，Liu Q. Optimal allocation model of river emission rights based on water environment capacity limits. Desalination and Water Treatment，2014，52：2778-2785.

[71] Jiang D，Chen M，Han W，Zeng G. The application of different typological and structural MOFs-based materials for the dyes adsorption. Coordination Chemistry Reviews，2019，380：471-483.

[72] Katheresan V，Kansedo J，Sie Yon JL. Efficiency of Various Recent Wastewater Dye Removal Methods：A Review. Journal of Environmental Chemical Engineering，2018，6：4676-4697.

[73] Li F，Jiahui H，Xia Q，Lou M，Yang B，Tian Q，Liu Y. Direct contact membrane distillation for the treatment of industrial dyeing wastewater and characteristic pollutants. Separation & Purification Technology，2018，195：83-91.

[74] li W，Mu B，Yang Y. Feasibility of industrial-scale treatment of dye wastewater via bio-adsorption technology. Bioresource Technology，2019，277：157-170.

[75] Liang J，Ning X-a，Sun J，Song J，Hong Y，Cai H. An integrated permanganate and ozone process for the treatment of textile dyeing wastewater：Efficiency and mechanism. Journal of Cleaner Production，2018，204：12-19.

[76] Liu L，Cheng R，Chen X，Zheng X，Shi L，Cao D，Zhang Z. Applications of membrane technology in treating wastewater from the dyeing industry in China：Current status and prospect. Desalination and water treatment，2017，77：366-376.

[77] Liu Y，Guo J，Fan Y. A big data study on emitting companies' performance in the first two phases of the European Union Emission Trading Scheme. Journal of Cleaner Production，2017，142：1028-1043.

[78] Liu Y，Zhang Y，Quan X，Chen S，Zhao H. Applying an electric field in a built-in zero valent iron--anaerobic reactor for enhancement of sludge granulation. Water Research，2011，45：1258-1266.

[79] Liu Y，Zhang Y，Quan X，Zhang J，Zhao H，Chen S. Effects of an electric field and zero valent iron on anaerobic treatment of azo dye wastewater and microbial community structures. Bioresource Technology，2011，102：2578-2584.

[80] Lu H，Zhou J，Wang J，Si W，Teng H，Liu G. Enhanced biodecolorization of azo dyes by anthraquinone-2-sulfonate immobilized covalently in polyurethane foam. Bioresource Technology，2010，101：7196-7199.

[81] Lu J，Zhou Y，Liu Y. Recent advances for dyes removal using novel adsorbents：A review. Environmental Pollution，2019，252：352-365.

[82] Manavi N，Kazemi A，Bonakdarpour B. The Development of Aerobic Granules from Conventional Activated Sludge under Anaerobic-Aerobic Cycles and Their Adaptation for Treatment of Dyeing Wastewater. Chemical Engineering Journal，2017，312：375-384.

[83] Nguyen TA，Juang R-S. Treatment of waters and wastewaters containing sulfur dyes：A review. Chemical Engineering Journal，2013，219：109-117.

[84] Pavithra KG，P SK，V J，P SR. Removal of colorants from wastewater：A review on sources and treatment strategies. Journal of Industrial and Engineering Chemistry，2019，75：1-19.

[85] Roy M，Sen P，Pal P. An integrated green management model to improve environmental performance of

textile industry towards sustainability. Journal of Cleaner Production，2020，271：122656.

[86] Sabeen A，Zainon Noor Z，Ngadi N，Almuraisy S，Raheem A. Quantification of Environmental Impacts of Domestic Wastewater Treatment using Life Cycle Assessment：A Review. Journal of Cleaner Production，2018，190：221-233.

[87] Shen C，Pan Y，Wu D，Liu Y，et al. A crosslinking-induced precipitation process for the simultaneous removal of poly（vinyl alcohol） and reactive dye：The importance of covalent bond forming and magnesium coagulation. Chemical Engineering Journal，2019，374：904-913.

[88] Song J Zhao Q，Wu C，et al. Efficiency of treating printing and dyeing wastewater and membrane fouling control by hybrid dynamic membrane bioreactor. Chinese Journal of Environmental Engineering，2016，10：2193-2200.

[89] Sun S，Liu B，Zhang K，Yan L，et al. Treatment of Aniline Black Dyeing Wastewater by Integrated Ozone Oxidation and Biological Treatment. Periodical of Ocean University of China，2018，23：1232-1241.

[90] Wang J，Zhang T，Mei Y，Pan B，et al. Treatment of reverse-osmosis concentrate of printing and dyeing wastewater by electro-oxidation process with controlled oxidation-reduction potential（ORP）. Chemosphere Environmental Toxicology & Risk Assessment，2018，201：621-626.

[91] Wang R，Jin X，Wang Z，Gu W，et al. A multilevel reuse system with source separation process for printing and dyeing wastewater treatment：A case study. Bioresource Technology，2018，247：1233-1241.

[92] Wang T，Tang X，Zhang S，Zheng J，Zheng H，Fang L. Roles of functional microbial flocculant in dyeing wastewater treatment：Bridging and adsorption. Journal of Hazardous Materials，2019，384：121506.

[93] Wu W，Gao P，Xu Q，et al. How to allocate discharge permits more fairly in China？-A new perspective from watershed and regional allocation comparison on socio-natural equality. Science of The Total Environment，2019，684：390-401.

[94] Xu H，Yang B，Liu Y，Li F，et al. Recent advances in anaerobic biological processes for textile printing and dyeing wastewater treatment：a mini-review. World journal of microbiology & biotechnology，2018，34：165.

[95] Yuan Q，McIntyre N，Wu Y，Liu Y，Liu Y. Towards greater socio-economic equality in allocation of wastewater discharge permits in China based on the weighted Gini coefficient. Resources Conservation and Recycling，2017，127：196-205.

[96] Zhang J，Ni S，Wu W，et al. Evaluating the effectiveness of the pollutant discharge permit program in China：A case study of the Nenjiang River Basin. Journal of Environmental Management，2019，251：109501.

[97] Zhang J，Zhang Y，Quan X，Li Y，Chen S，Zhao H，Wang D. An anaerobic reactor packed with a pair of Fe-graphite plate electrodes for bioaugmentation of azo dye wastewater treatment. Biochemical Engineering Journal，2012，63：31-37.

[98] Zhang Y，Jing Y，Quan X，Liu Y，Onu P. A built-in zero valent iron anaerobic reactor to enhance treatment of azo dye wastewater. Water Science and Technology，2011，63：741-746.

[99] Zhang Y，Jing Y，Zhang J，Sun L，Quan X. Performance of a ZVI-UASB reactor for azo dye wastewater treatment. Journal of Chemical Technology & Biotechnology，2011，86：199-204.